好"孕"宝典 · 妈妈的月子食谱，宝宝的成长动力！

百变月子餐调理好身材

甘智荣 ——主编

吉林科学技术出版社

图书在版编目（CIP）数据

百变月子餐　调理好身材 / 甘智荣主编． — 长春：
吉林科学技术出版社，2015.10
（好"孕"宝典）
ISBN 978-7-5384-9877-6

Ⅰ．①百… Ⅱ．①甘… Ⅲ．①产妇－妇幼保健－食谱
Ⅳ．① TS972.164

中国版本图书馆 CIP 数据核字 (2015) 第 233572 号

百变月子餐　调理好身材

Baibian Yuezican Tiaoli Haoshencai

主　　编　甘智荣
出 版 人　李　梁
责任编辑　李红梅
策划编辑　成　卓
封面设计　郑欣媚
版式设计　谢丹丹
开　　本　723mm×1020mm　1/16
字　　数　200千字
印　　张　15
印　　数　10000册
版　　次　2015年11月第1版
印　　次　2015年11月第1次印刷
....
出　　版　吉林科学技术出版社
发　　行　吉林科学技术出版社
地　　址　长春市人民大街4646号
邮　　编　130021
发行部电话/传真　0431-85635177　85651759　85651628
　　　　　　　　　　85677817　85600611　85670016
储运部电话　0431-84612872
编辑部电话　0431-86037576
网　　址　www.jlstp.net
印　　刷　深圳市雅佳图印刷有限公司
....
书　　号　ISBN 978-7-5384-9877-6
定　　价　29.80元

前言

　　首先，恭喜你由准妈妈顺利晋级为新妈妈，即将见证和参与一个新生命慢慢长大成人的精彩过程。怀胎十月，一朝分娩，这其中的辛苦与甜蜜，或许只有初为人母的你才能深切体会。看着刚刚出世的宝宝，心里满是幸福。但在经历了十月怀胎和分娩后，身体能量耗尽，体力不支，此刻摆在新妈妈面前的重要课题是如何坐好月子。你需要将元气大伤的身体尽快调理过来，这样不仅能为宝宝提供充足的"粮仓"，还能使自己尽快恢复，做个健康美丽的妈咪。

　　坐月子是一项流传了千百年的传统。产后的30～40天是月子期，是新妈妈恢复健康、调整体质的黄金时期。这个过程实际上是产妇的整个生殖系统恢复的一个过程。母体各个系统的功能能否恢复，取决于月子期的调养保健。若养护得当，则恢复较快，且无后患；若稍有不慎，则会影响产妇的身体健康。

　　其中，进补是月子期调养的重要环节。在很多人看来，坐月子即意味着每天足不出户，鸡鸭鱼肉以及各种营养品轮番进食，但这样盲目进补必然造成身材变形，很多新妈妈因此而苦恼不已。其实，只要月子"坐"得得法，掌握正确的护理观念，保证均衡的饮食，调补得当，并进行适量的运动，短短一个月便能让新妈妈恢复到怀孕前的体重，使身体变得更健康。那么，如何才能吃得健康、补得恰当，让元气大伤的虚弱身体在"坐月子"这个特殊时期有效恢复？不妨来看看你手中这本《百变月子餐　调理好身材》吧。

　　本书为新妈妈们提供了较为全面的产后日常护理知识与饮食调养诀窍，将月子期科学合理地划分为六个阶段，根据新妈妈每个阶段不同的营养需求，提出不同的调养要点。同时，在每个阶段我们还相应地推出多道科学合理的月子餐，这些精挑细选的菜品全部选用常用的食材，营养、滋补又易操作，让月子期的妈妈每天享受健康的月子美食，从而迅速恢复体力，重塑美好身材。此外，你还可以扫描书中的二维码，免费观看菜品制作的全过程，体验更便捷生动的阅览模式。

　　让这本月子餐实用宝典，陪伴新妈妈轻松享受"坐月子"的那段美好时光，使新妈妈哺乳、瘦身两不误，早日恢复往昔的活力和苗条身姿，更具女性魅力！

目录  C O N T E N T S

PART 3 ◀ 产后第1周，抓住代谢排毒的黄金期

目录 CONTENTS

PART 4 产后第2周，调理气血是关键

PART 5 ◀ 产后第3周，滋补泌乳两不误

目录 CONTENTS

PART 6 ▶ 产后第4周，强化体能助恢复

PART 7 ◀ 产后第5~6周，美体养颜轻"食"尚

PART 1

坐好月子，
健康美丽一辈子

坐月子是产后妈妈身心得到综合调养和恢复的一个过程，一向被视为女性调养体质的宝贵时期。月子期间的饮食方式、生活方式以及修养方式等都影响着女性的健康，甚至是一生的健康。坐月子时讲究一定的方法和技巧，才能迅速恢复健康与美丽，拥有更好身材。现在，就让我们一起进入坐月子大讲堂吧。

坐月子，女性调理体质的黄金期

女性从怀孕到分娩，身体功能及体内诸多脏腑功能的平衡都被打破，身体会自动地不断寻求新的平衡点。月子期实际上是产妇的整个生殖系统恢复的一个过程。因此，产后妈妈一定要重视坐月子，抓住这个恢复、调理的黄金期。

▶ "坐月子"的重要性

"坐月子"的习俗在我国由来已久，最早可追溯至西汉《礼记》，当时称之"月内"，是产后必须的仪式性行为。即便是从现代医学的角度来看，坐月子仍然具有其重要性。胎儿、胎盘娩出以后，产妇机体和生殖器官复原一般需要6～8周，医学上将这段时间称为产褥期和产后期，民间俗称"坐月子"。

产前孕妇担负着孕育胎儿的重任，母体的各个系统都会发生一系列的适应变化，尤其是子宫变化最为明显，到妊娠后期，子宫重量增加到非孕期的20倍，容量增加1 000倍以上，心脏负担增大，肺部负担也随之加重，妊娠期肾脏也略有增大，输尿管增粗，肌张力降低，其他如骨骼、肌肉、脊椎、韧带等也都会发生相应的改变。产后，母体器官有自我修复的过程，子宫、会阴、阴道的创口会愈合，子宫缩小，膈肌下降，心脏复原，被拉松弛的皮肤、关节、韧带会恢复正常。这些组织器官的形态、位置和功能产后能否复

原，取决于产妇在坐月子时的调养保健。若养护得当，则恢复较快，且无后患；若调养失宜，则恢复较慢。

此外，由于产妇生产时会消耗大量体力，且会造成一些损伤，如胎盘剥离时，在子宫壁留下的创面、会阴部的撕裂伤或剖宫产的手术伤口等，这些都需要休养，好让产妇恢复体力，伤口得以复原，而"坐月子"正是让产妇得到充分休息的时期。因此，新妈妈在这段时间内，一定要得到足够的休息，注意合理饮食及锻炼，调养好身体，以保证健康和体型的恢复。

了解新妈妈的身体状况

对于新妈妈来说，产后身体和心理上都会发生一定的变化，这是不可避免的。新妈妈对产后的生理变化有一定的认识，对科学合理地调理身体非常有利，也有助于其心理的调适。

▶ 乳房的变化

产后，随着体内雌激素、孕激素水平的突然下降，乳腺开始分泌乳汁，新妈妈的乳房会有较大的变化。新妈妈在产后要及早让宝宝吸吮乳头，以促进垂体生乳素的分泌，进而促进乳汁的分泌。刺激乳头还可以刺激神经垂体分泌催产素，使乳腺泡周围肌上皮细胞收缩，排出乳汁，同时促进子宫收缩。新妈妈的乳汁分泌量除与乳腺的发育有关外，还与产后的营养、健康状况及情绪等因素有关。

▶ 子宫的变化

在整个孕期，母体的各个系统为了适应胎儿生长发育的需要，会出现一系列适应性生理变化，尤以子宫的变化最为明显。孕期，经由荷尔蒙的刺激，子宫会变大、变厚；生产时和分娩后，随着子宫的不断收缩，胎儿和胎盘会被挤出，子宫内的血液不断被排出体外，且子宫底的高度会随着产后的天数而有改变。分娩后，子宫颈呈现松弛、充血、水肿状态；在产后1~2天，下腹部会鼓起一个球形发硬的小包，而且阵阵作痛，这是子宫复旧过程中的生理现象；子宫一般在10~14天左右缩入盆腔，下腹部就无法摸到子宫了；到产后6周时，胎儿娩出和胎盘剥离在子宫内膜表面形成的创面完全愈合，子宫基本能恢复到非孕期的状态。

▶ 会阴部的变化

顺产妈妈的外阴，因分娩压迫、撕裂而产生水肿、疼痛，这些症状在产后数日即会消失。产后新妈妈的阴道腔会逐渐缩小，阴道壁肌张力逐渐恢复，产后出现的扩张现象3个月后即可恢复。初次分娩的妈妈在进行自然分娩时，由于会阴部位比较紧、胎儿头围较大，以及助产操作等因素，很容易造成会阴撕裂受伤，为了避免这种情况的发生，很多产妇会做一个会阴侧切手术。因此，当分娩结束后，做过侧切术的新妈妈需要特别注意会阴部的护理，保持会阴部的清洁和干燥，避免伤口感染。

▶ 泌尿系统的变化

孕期，准妈妈的体内滞留了大量水分，所以月子初期尿量会明显增多。另外，孕期出现的输尿管显著扩张，一般在产后4～6周才会逐渐恢复，因而在此期间很容易发生尿道感染。临产时胎儿先露部位会对膀胱形成压迫，产后常见腹壁松弛、膀胱肌张力减低、对内部张力增加不敏感等症状。因此，对新妈妈来说，产后泌尿系统的护理同样非常重要。

▶ 皮肤、体形的变化

由于产后雌激素和孕激素水平下降，许多新妈妈的面部易出现黄褐斑。妊娠期，腹部皮肤由于长期受子宫膨胀的影响，会使肌纤维增生、弹力纤维断裂，腹肌呈不同程度的分离，在产后表现为腹壁明显松弛，一般在6～8周后会有所恢复，但是下腹部会留下永久性的白色旧妊娠纹。此外，绝大多数女性的身体在产后还会发生如腹部隆起、腰部粗圆、臀部宽大等体形上的变化。

新妈妈必读的月子期护理原则

产后坐月子是新妈妈恢复分娩消耗的体力和保养身体的关键时期，在这个阶段，妈妈们需遵循以下原则，这样才能坐好月子哦。

◆ 顺产妈妈护理原则

注意休息。新妈妈在分娩时消耗了大量的体力，加之出血、出汗，充分的休息有助于体力的恢复，并可提高食欲，促进乳汁的分泌。除了保证夜间充足的睡眠外，日间也应安排1～2小时的午睡。

注意个人卫生。新妈妈产后出汗较多，尤其是晚上睡觉时，可多备几套睡衣，衣服湿了要立即换下，并擦干汗渍，以免受凉。"月子"里产妇的会阴部分泌物较多，每天应用温开水清洗外阴部，勤换会阴垫并保持外阴部的干燥和清洁。如果体力允许，产后第2天就可以开始刷牙，最迟也要在产后第3天开始，刷牙最好用温水。

合理规划饮食。新妈妈需要适当进补以促进产后恢复，但不应无限度地加强营养，而是要注意科学搭配，原则上应吃富有营养、易消化的食物，还应少吃多餐、荤素搭配、粗细夹杂、种类多样，并根据新妈妈的体质进行合理调配。

产后及时排便。由于腹压消失、饮食中缺少纤维素、活动量小等都会使肠蠕动减弱，排空时间延长，加之会阴切口的疼痛，使得产妇不愿意做排便的动作，均会导致产妇便秘。顺产妈妈从分娩当天就可以补充液体和一些有助通便的蔬果，如香蕉、苹果、芹菜、南瓜等，并养成每日按时排便的良好习惯。

及早下床活动。尽管坐月子期间需要多休息，但是休息不是一味的睡觉或者躺在床上，适当的活动也有利于产妇身体的恢复。卧床休息时，可以多翻身、抬胳膊、仰头，注意动作要轻柔，以身体感觉舒适为佳。顺产3天后可适当下床活动，时间不宜过长，还应避免动作太激烈将缝合的伤口拉开。

◆ 剖宫产妈妈护理原则

剖宫产是在分娩过程中，由于产妇或胎儿的原因无法使胎儿自然娩出，而由医生采取的一种经腹切开子宫取出胎儿及其附属物的过程。剖宫产手术的实施，是解除孕妈妈及胎儿危机状态的有效方法，但是由于该手术伤口较大，创面较广，很容易感染及产生术后并发症等。所以，做好术后护理是新妈妈顺利康复的关键。

尽量少用止痛药物。剖宫产手术后麻醉药的作用逐渐消退，腹部伤口的痛觉开始恢复，一般在术后数小时，伤口开始剧烈疼痛。为了让新妈妈能够得到很好的休息，使身体尽快复原，可请医生在手术当天或当夜给用一些止痛药物，但是在此之后，新妈妈对疼痛要多做一些忍耐，最好不要再使用药物止痛，以免影响身体健康，尤其是影响肠蠕动功能的恢复。

关注阴道出血量。由于剖腹产时，子宫出血较多，新妈妈及家属在手术后24小时内应密切关注阴道出血量，若发现超过正常月经量，需及时通知医生。此外，还应注意预防伤口缝线断裂，在咳嗽、恶心、呕吐时，压住伤口两侧，以防止缝线断裂。

保持阴部及腹部切口清洁。剖宫产妈妈在术后2周内，要避免腹部切口沾水，宜采用擦浴，在此之后可以淋浴，但恶露未排干净之前一定要禁止盆浴。如果伤口发生红、肿、热、痛，要及时就医，以免伤口感染，迁延不愈，影响新妈妈日后的健康。

饮食宜清淡。剖宫产妈妈在术后6小时内应禁食，之后可进食少量清淡的流质食物，如蛋汤、米汤等。若无任何肠胃不适，则可逐渐恢复正常的食量。术后要尽

量避免摄取容易产气、油腻和刺激性食物，多摄取高蛋白、高维生素和矿物质丰富的食物以帮助组织修复。

术后多翻身。由于剖宫产手术对肠道的刺激，会导致新妈妈产后出现不同程度的肠胀气。如果产后多做一些翻身动作，可促进麻痹的肠肌蠕动功能及早恢复，使肠道内的气体尽快排出，解除腹胀，还对恶露的排出有一定的帮助。

及早下床活动。产妇在医生拔去导尿管之后，只要体力允许，应尽量早下床活动，并逐渐增加活动量。这样，不仅可促进肠蠕动和子宫复位，还可避免发生肠粘连、血栓性静脉炎、下肢血栓。下床时先行侧卧，以双手支撑身体起床，并用手固定伤口部位，避免直接用腹部力量坐起。

卧床宜取半卧位。剖腹产术后的新妈妈身体恢复比顺产妈妈要慢得多，易发生恶露不易排出的情况，但如果采取半卧位，配合多翻身，可避免恶露淤积在子宫腔内引起感染而影响子宫复位，也有利于子宫切口的愈合。

◆ 产后心理护理

由于对生育、形体、性生活、家庭以及经济的担忧，产妇极易在产后出现暂时性心理退化现象，即产后沮丧、产后抑郁情绪明显，情感脆弱，依赖性强，适应性差，特别是在产后1周内，其情绪变化更加明显。这不仅加重了她们的心理负担，更有些产妇生产后引发不同程度的心理障碍。因此，产妇的心理护理十分重要。

自我调整。新妈妈要学会自我调整，适应角色的改变，树立哺育宝宝的信心，并试着从宝宝身上找寻快乐。不要过度担忧，更不要强迫自己做不想做或可能会感到心烦的事。

多向他人倾诉。新妈妈在心情烦闷时，可以找亲朋好友倾诉，把感受和想法告诉他们，不要把事情都憋在心里。

多放松。疲倦会使不良情绪恶化，新妈妈在感到疲倦时，可将孩子暂时交给家人、亲友或保姆照料，给自己放个短假，让自己喘口气。即便是一两个小时或是半天，也能达到放松精神的作用，从而有效避免心理和情绪上的"透支"。

获取家人的支持。从孕期开始，新爸爸和家人就应给予新妈妈相应的精神支持，而丈夫的关爱和协调作用尤为重要。作为丈夫，要努力为新妈妈营造一个温馨的生活环境，不仅要给新妈妈补充营养和充分休息的时间，还要给予更多的情感支持和关怀，促使其早日康复。

合理安排月子餐，拒绝产后肥胖

新妈妈在月子期间需要充足的营养来满足自身和哺乳需要，但是盲目进补的做法并不科学，不仅不利于身体的恢复，还可能为产后肥胖埋下隐患。因此，新妈妈应在满足身体所需的前提下，合理安排饮食。

产后新妈妈的营养需求

"坐月子"是女性健康的一个重要转折点，月子期间正确的饮食调理，可避免很多因分娩带来的疾病和不适。分娩使新妈妈消耗大量的体力，照顾宝宝也需要花费精力，同时，还要为宝宝供应足够的高质量乳汁，所以，新妈妈需要均衡而全面的营养补充。

适当的脂肪摄入。脂肪是人体重要的组成部分，也是食物的一个基本构成部分，在人体营养中占重要地位。新妈妈体内的脂肪酸有增加乳汁分泌的作用，而宝宝的生长发育及对维生素的吸收也需要足够的脂肪。因此，新妈妈的膳食中必须有适量的脂肪供给，以满足自己和宝宝的身体需求。

适当增加蛋白质的摄入。食物中蛋白质的质和量、各种氨基酸的比例，关系到新妈妈体内蛋白质合成的量，所以，新妈妈的母乳质量与膳食中蛋白质质量有着密切的关系。一般，哺乳期女性每天比普通人要多摄入20克蛋白质。如果新妈妈膳食中的蛋白质供给不足，很容易导致新妈妈易感疲倦，免疫力下降，泌乳量也会随之减少。此外，蛋白质缺乏还会引起内分泌失调。日常饮食中鱼、瘦肉、蛋、奶类、豆类等食物均含有较丰富的优质蛋白，但一定要注意适量补充，摄入过量同样对身体健康不利。

增加钙的摄入。刚出生的宝宝体内还不能生成钙，需要从饮食中摄取。因此，产后哺乳的妈妈，每天需摄取足够的钙，才能使分泌的乳汁中含有足够的钙。新妈妈乳汁分泌量越大，对钙的需要量就越大。这时，如果不补充足量的钙，就会引起腿脚抽筋、骨质疏松等"月子病"，还会使宝宝因缺钙而出现佝偻病，影响身体正常发育。一般来说，新妈妈每天需要补充约1 200毫克的钙，可多吃些含钙量丰富的食物，如牛奶、豆腐、鸡蛋、鱼、海米、芝麻、西蓝花等。

补充含铁的食物。由于妊娠期扩充血容量及胎儿需要，约半数的孕妇会患缺铁性贫血，分娩时又会因失血而丢失一部分的铁。所以，在膳食中应多加些猪血、黑木耳、红枣、动物肝脏、海带、紫菜等含铁丰富的食物。

注意维生素的补充。产后新妈妈由于身体康复及哺乳的需要，对各种维生素的需求量较未怀孕前要多，所以产后新妈妈的膳食中各种维生素必须增加，以维持产妇的自身健康，促进乳汁分泌，满足婴儿生长需要。维生素含量丰富的食物有西红柿、胡萝卜、大白菜、茄子、苹果、葡萄、豆类等。

月子期的饮食原则

新妈妈经过怀孕、生产，身体很虚弱，这个时候加强营养至关重要，但这并不意味着鸡鸭鱼肉和各种保健品都可以不停地吃。荤素兼备、合理搭配，才是新妈妈月子期间的饮食之道。

食物以清淡、易消化为主。新妈妈的消化功能往往较差，进食过于油腻的食物会增加新妈妈胃肠道的负担，使其脾胃功能受损，引起消化不良，影响食欲。新妈妈可多吃些清淡、易消化，且能健脾养胃的食物，如蒸蛋羹、豆腐制品、玉米粥、小米粥、瘦肉汤等。

饮食以丰富多样、稀软为宜。产后新妈妈的膳食要清淡，食品种类要丰富，经常变换花样，坚持荤素搭配、粗细夹杂，可保证新妈妈摄取到多种不同的营养素，对预防产后不适有益。同时需注意，食物的量不宜过多，过量饮食，不但会让新妈妈在孕期体重增加的基础上进一步肥胖，而且对产后的恢复也无益处。此外，新妈妈的饮食中水分可以适量多一点，如进食汤、牛奶、粥类等流食和半流食，不仅可补充新妈妈所需的水分，助其消化吸收，还能促进乳汁的分泌。新妈妈还应少吃一些粗糙、坚硬、带壳的零食。

烹调合理。为适应新妈妈的饮食需求，其膳食烹饪应以煮、炖、炒等方式为主，少用煎、炸、烤等不利于消化的烹饪方法，这样既可保证食物的营养不被破坏，又有利于肠道的吸收。另外，烹调时还要避免使用太多盐、味精以及刺激性的调料，仅用少许葱、姜即可。

少吃多餐。为了满足新妈妈自身和哺乳宝宝的需要，营养的补充是不可少的，但是由于新妈妈的胃肠功能还没有恢复正常，胃口也会有所下降，因此，除了正常的一日三餐外，可在两餐之间增加2～3次的辅助餐。加餐的食物可以选择全麦面包、牛奶、鸡蛋、水果等。

蔬菜水果不可少。月子期的食谱中，主食、蛋类和蔬菜水果，每样都不可少。尤其是新鲜的蔬果，不仅可以补充肉、蛋类所缺乏的维生素C和膳食纤维，还可以增进新妈妈的食欲，帮助消化及排便，防止产后便秘的发生。

忌食冰冷的食物。由于新妈妈在生产时要消耗大量的体力，生产后体内激素水平会发生大幅变化，宝宝和胎盘的娩出，使得妈妈的代谢功能降低，体质大多从内热变为虚寒。若食用过于生冷的食物，易患胃炎、肠炎等消化道疾病。因此，新妈妈产后饮食宜温，过于生冷的食物最好不要食用，从冰箱里拿出来的水果、冷菜最好热透后再吃。

不吃或少吃辛辣、刺激性食物。产后失血伤津，多阴虚内热，故大蒜、辣椒等辛辣大热的食物应少吃。此外，由于产妇卧床休息的时间较多，肠蠕动减慢，如果进食过于辛辣的食物，不仅容易引起便秘、痔疮等，还可能通过乳汁影响婴儿的肠胃功能。

不宜大补。滋补过量的新妈妈易患肥胖症，从而引发多种疾病。此外，新妈妈肥胖还可能造成乳汁中脂肪含量增多，最终导致宝宝肥胖或腹泻。其实，只要新妈妈的身体没有什么大碍，饮食合理得当，按时进餐、科学进补，就完全能够满足月子里的营养需要。

坐月子期间的食补小窍门

经过一段时间的休养和调理后，新妈妈的身体逐渐恢复，胃口也好了起来，这时家人自然会千方百计为其制作各种滋补美食。但是，新妈妈在月子期如何进补才科学呢？以下食补小窍门或许会对你有所帮助。

◆ 根据体质进补

寒性体质的新妈妈通常面色苍白、脾胃虚寒、手脚冰凉、气血循环不良，且容易感冒，可食用一些具有温补功效的食物或药物，如荔枝、桂圆、苹果、樱桃等，以促进血液循环，达到气血双补的目的。

热性体质的新妈妈往往面红目赤、怕热、四肢或手心发热，口干或口苦，大便干硬或便秘，尿量少且色黄味臭，皮肤容易长痘等。可多吃黑糯米、鲈鱼汤、花生瘦肉汤、排骨汤、青菜豆腐汤等进行调养。

中性体质的新妈妈，不热不寒，不会特别口干，身体状况较好。饮食上较易选择，可以食补和药补交叉进行，没有什么特别需要注意的问题。如果进补之后口干、口苦或长痘，则应停止进补，吃一些清热下火的蔬菜。

◆ 早餐前喝一杯温开水

经过一晚上的睡眠，人体内会流失大量的水分，尤其是哺乳期的妈妈，晚上要照顾宝宝哺乳，除了晨起喝水以外，早餐前饮水也是非常重要的。早餐前半小时喝一杯温开水，不仅可以补充身体缺失的水分，润滑肠胃，预防痔疮和便秘的发生，还可以增加泌乳量。

月子餐保证食物的丰富多样很重要，但如何最大限度地吸收月子餐的营养同样十分重要。新妈妈在进食的时候，最好按照一定的顺序进行，这样才能使营养更好地被人体消化吸收，更有利于身体的恢复。正确的进餐顺序应为：汤—青菜—饭—肉，半小时后再进食水果。

饭前先喝汤。有些新妈妈喜欢一边吃饭一边喝汤，或以汤泡饭或吃过饭后再喝一碗汤，这些做法都是不正确的。汤会冲淡胃酸，影响胃部的正常消化，新妈妈在月子期的进食量较多，更需要大量的胃酸来帮助消化，所以新妈妈要注意喝汤的时间，最好是在餐前喝。

米饭、面食、肉食等食物需要在胃里停留1~2小时，甚至更长的时间，所以最好在汤后吃。水果的成分是果糖，不需要胃来消化，小肠可以直接吸收，如果新妈妈在饭后马上吃水果，消化慢的含淀粉、蛋白质的主食和肉类就会阻碍水果的消化。两种食物在胃里搅和在一起，还会影响消化和吸收。食物停留在胃中的时间过长，易被肠胃中的细菌分解，产生对身体有害的物质，引发胃肠疾病等。

易走入的饮食误区

新妈妈在"坐月子"期间除了要注重膳食平衡，吃得营养、合理外，还应避免走入以下饮食误区，以促进产后身体的恢复。

产后服用人参	人参是一种大补元气的中药，但刚刚生产完的新妈妈食用人参，其弊大于利。人参对人体中枢神经有兴奋作用，可引起失眠、烦躁、心神不安等不良反应，不利于产后新妈妈的休息调养；人参的抗凝血作用还会干扰受损血管的自行愈合，造成出血过多。
为了早泌乳，产后马上多喝汤	从分娩到哺乳，中间有一个环节，就是要让乳腺管全部畅通。如果乳腺管没有全部畅通，而产妇又饮用了过多的汤水，那么分泌出的乳汁就会堵在乳腺管内，严重的还会导致发热。所以，要想产后早泌乳，一定要让宝宝尽早吮吸妈妈的乳房，刺激妈妈的乳腺管畅通，再喝些清淡少油的汤，如鲫鱼豆腐汤、黄鳝汤等。

产后体虚 多吃老母鸡	➤	产后特别是剖宫产后，妈妈的胃肠道功能还未恢复，不能吃太过油腻的食物。老母鸡、猪蹄等食物脂肪含量较高，不适合产后马上吃。这时，应选择进食一些易消化的流质或半流质食物，如鲫鱼汤、白米粥等。
红糖补血 可长期饮用	➤	新妈妈在分娩后，适当饮用一些红糖水，能够促进恶露的排出，有利于子宫复位，帮助补血和补充体力，但是红糖并非吃得越多越好。过多饮用红糖水，会增加恶露中的血量，造成产妇继续失血，反而会引起贫血。
月子里应 多吃鸡蛋	➤	鸡蛋营养丰富，对产后身体虚弱的新妈妈来说，是一种集多种补益功能于一体的滋补佳品，但是吃鸡蛋并非多多益善。如果让新妈妈大量进食鸡蛋，非但起不到补充营养的作用，还会增加消化系统的负担，使体内蛋白质含量过高却又无法吸收，进而出现蛋白质中毒症状。
坐月子不 能吃水果	➤	水果里含有丰富的维生素和微量元素，除产后3~4天不宜食用特别寒性的水果，如梨、西瓜、山竹等之外，新妈妈在月子里是可以吃水果的。新妈妈的身体康复及乳汁分泌需要补充较多的维生素和矿物质，尤其是维生素C，其具有止血和促进伤口愈合的作用。
产后出血 多，多吃桂 圆、红枣等 补血	➤	桂圆、红枣、红豆是活血的食物，过量食用不但对补血无益，反而还增加出血量。一般在产后2周，或恶露干净后，才适合吃这些食物。
生完孩子就 节食减肥	➤	有些产妇生完孩子后体重增加了不少，为了恢复以往的苗条身材，刚生完孩子就开始迫不及待地节食减肥。这种做法使产妇不能保证每天吃到各种营养丰富的食物，影响自身的康复，也不能为母乳喂养的宝宝提供充足的营养。因此，新妈妈产后不宜采取节食的方法减肥，特别是哺乳者。

控制体重，抓住产后塑身关键点

女性产后容易出现肥胖，因此产后塑身很有必要。但是产后塑身需要注意些什么？下面将为新妈妈们盘点产后减肥的关键所在，以便能顺利控制体重，逐渐恢复到孕前的健美体态。

合理哺乳

在怀孕期间及产后，身体能有效率地以脂肪形式储存热能，将多余的脂肪储存在乳房、腰部、臀部及大腿，而新妈妈的身体为了分泌乳汁，会一点点消耗掉之前所储存的脂肪组织。哺乳每天会消耗掉2100～3300千焦的热量，所以哺乳对新妈妈产后控制体重是很有帮助的。现代医学研究也证明，产后哺乳有助于新妈妈早日恢复身材、增强子宫收缩力及复原，并且能降低乳腺癌、卵巢癌的发生率。不过，这并不意味着每个喂母乳的妈妈都一定会瘦下来，如果肆无忌惮地大吃大喝又缺少适当运动，同样也会出现产后肥胖。此外，需要注意的是，不管有无哺乳，新妈妈都必须坐完月子后才可开始减肥，切不可使用药物减肥。

产后绑腹带

想要调整体型，"坐月子"是一个很重要的时机，但是坐月子期间必须特别注意防止"内脏下垂"。"内脏下垂"可能是所有"妇女病"和"未老先衰"的根源，所以新妈妈在月子期必须勤绑束腹带。束腹带不但可以帮助女性恢复身材，还有预防内脏下垂、皮肤松弛以及消除妊娠纹的作用。束腹带材质最好选用无弹性、可吸汗透气的。一般市售束腹带多以松紧材质制成，无法支撑内脏，如果材质不透气，容易造成腹部湿疹，甚至引起腹部潮湿而受寒。

一般，自然分娩的妈妈产后就可以使用束腹带，绑着它做一些简单的运动，能帮助你减少赘肉，并能防止日后腰酸背痛。束腹带最好只在白天使用，晚上睡觉时解开，以保证血液循环的良好运转。剖宫产妈妈，一般要在生产2天后在医生的指导下使用束腹带，这样可以帮助承托腰骨，减少伤口的痛楚。

阶段性食补

产后"坐月子"需按照身体恢复的情况来进补，产后第1周的主要目标是"利水消肿"，使恶露排净。正确的进补观念是先排恶露、后补气血，恶露越多，越不能补。产后前2周由于恶露未净，不宜大补，饮食重点应放在促进新陈代谢，排出体内过多水分上。

除此之外，饮食上应努力做到清淡、少盐、忌脂肪、忌寒凉、少量多餐、细嚼慢咽，还应少吃零食等，如能遵守这些原则，月子内的进补就不会有发胖之虞，可谓两全其美。

及时运动

产后除了体重会增加以外，很多妈妈的腰、腹、臀部肌肉都会变得松弛，及早进行健身锻炼，会使相关的肌肉群尽快恢复弹性，并恢复体型的健美。

不过，由于新妈妈的身体状况特殊，锻炼也需要讲究方法。"坐月子"期间运动的形式以和缓、适量为宜。一般，产后14天可开始进行腹肌收缩运动，而伸展运动、体操、有氧运动等，最好坐完月子之后再进行。过早的、长时间的剧烈运动会使盆腔韧带发生严重松弛，导致子宫脱垂、尿失禁和排便困难。产后运动需持之以恒，千万不可急于求成，身体一旦有任何不适，应马上停下来。

睡眠充足

产后妈妈由于受哺乳、照顾宝宝的干扰，睡眠时间和睡眠质量均较低，这些都会影响到身体恢复和情绪。人体每天需6～8小时的睡眠才能正常运作，而人体在睡眠状态下，身体新陈代谢的过程需要热量，充足的睡眠不仅能恢复体力，对于减重也有帮助。如果睡前两小时有强烈的饥饿感，可适量食用一些清淡的食物，这样不但有助于安眠，还可以帮助人体在睡眠时消耗更多的热量。

保持心情愉快

保持愉快、放松的心情有助于恢复体力，避免心情差而带来的种种问题，从而加速身体的新陈代谢，加速燃脂。相反，自暴自弃的负面情绪则容易导致暴饮暴食，使体重飙升。因此，乐观、积极的态度对产后瘦身的助力同样不可小觑。

PART 2

分娩当天，
不可忽视的产程助力餐

自进入临产状态到分娩，放松的心情以及坚定的信念在准妈妈的整个生产过程中起着至关重要的作用。同样，为准妈妈准备的饮食也丝毫不能马虎。饮食安排得当，不仅能补充身体所需，还能促进产程的发展，帮助准妈妈顺利分娩。本章将为您提供详细的产程饮食指导，并针对不同的分娩阶段精选多道高能量、易消化的营养菜品，为顺利分娩助力。

临近分娩，家里人也是紧张又兴奋，很可能会忽略了准妈妈要吃些什么。分娩是对准妈妈体力与意志力的双重考验，如果饮食安排得当，不仅能补充身体需要，还能增进产力，促进产程发展，帮助产妇顺利分娩。那分娩前究竟该怎样吃才合理呢？

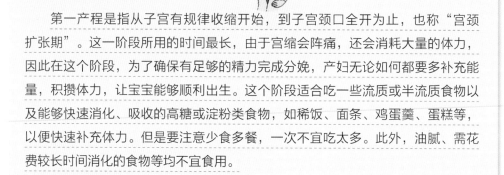

第一产程饮食指导

第一产程是指从子宫有规律收缩开始，到子宫颈口全开为止，也称"宫颈扩张期"。这一阶段所用的时间最长，由于宫缩会阵痛，还会消耗大量的体力，因此在这个阶段，为了确保有足够的精力完成分娩，产妇无论如何都要多补充能量，积攒体力，让宝宝能够顺利出生。这个阶段适合吃一些流质或半流质食物以及能够快速消化、吸收的高糖或淀粉类食物，如稀饭、面条、鸡蛋羹、蛋糕等，以便快速补充体力。但是要注意少食多餐，一次不宜吃太多。此外，油腻、需花费较长时间消化的食物等均不宜食用。

第二产程饮食指导

第二产程即"胎儿娩出期"，是指从子宫开全到胎儿娩出的这段时间。在这个阶段，子宫收缩频繁，疼痛加剧，还会压迫胃部，引起恶心、呕吐。为了使胎儿更好更快的娩出，需消耗更多的体力。所以，此时的产妇需补充一些高能量且易被消化吸收的食物，如果汁、糖水、藕粉或巧克力等，有助于胎儿的顺利娩出。但需注意的是，此阶段不能过于饥渴，也不可暴饮暴食。

第三产程饮食指导

第三产程是指胎儿娩出后到胎盘娩出的这一段时间，也叫"胎盘娩出期"。胎儿娩出后5～30分钟，胎盘会自动剥离、娩出。由于这个过程较短，一般无需进食，产妇需先留在产房观察、休息。在分娩结束两个小时后，可以进食一些半流质食物如红糖水、果汁，以补充消耗的能量，帮助子宫收缩、减少出血，顺利的分娩就此结束。

牛奶面包粥

制作时间
3 分钟

口味：清淡　　烹饪方法：煮

/ 材料 /

面包55克，牛奶120毫升

/ 制作方法 /

1 面包切细条形，再改切成丁，装入盘中，备用。

2 砂锅中注入适量的清水烧开，倒入备好的牛奶。

3 煮沸后倒入面包丁，搅拌匀，煮至变软。

4 关火后盛出煮好的面包粥，稍微放凉后即可食用。

牛奶粥

制作时间
32 分钟

口味：清淡　　烹饪方法：煮

/ 材料 /

牛奶400毫升，水发大米250克

/ 制作方法 /

1 砂锅中注入适量的清水，用大火烧热。

2 倒入牛奶、大米，搅拌均匀。

3 盖上锅盖，大火烧开后转小火煮30分钟至熟软。

4 掀开锅盖，持续搅拌片刻。

5 关火，将粥盛出，装入备好的碗中，稍微放凉后即可食用。

脱脂奶红枣粥

制作时间
32 分钟

🖊 口味：甜　　♨ 烹饪方法：煮

/ 材料 /
水发大米160克，脱脂奶150毫升，红枣适量

/ 调料 /
白糖适量

/ 制作方法 /

1 砂锅中注入适量清水烧热。

2 倒入洗净的红枣、大米，搅拌均匀。

3 盖上盖，烧开后用小火煮约30分钟。

4 揭盖，倒入备好的脱脂奶，拌匀，撒上适量白糖。

5 搅拌匀，用中火煮一会儿，至白糖溶化。

6 关火后盛出煮好的粥，装入碗中即成。

奶香红枣黄米粥

制作时间
42 分钟

🖊 口味：甜　　♨ 烹饪方法：煮

/ 材料 /
红枣20克，水发小米90克，水发大米150克，牛奶200毫升

/ 调料 /
冰糖30克

/ 制作方法 /

1 红枣去核，果肉切成小块。砂锅中注水烧开，倒入小米，搅散，放入大米、红枣肉。

2 加盖，煮开后用小火煮40分钟。

3 揭盖，加冰糖，拌匀，煮至冰糖溶化。

4 倒入牛奶，混合均匀，煮沸；关火，将煮好的粥盛入碗中即可。

红糖小米粥

制作时间
36 分钟

🖊 口味：甜　🕯 烹饪方法：煮

/ 材料 /

小米400克，红枣8克，花生10克，瓜子仁15克

/ 调料 /

红糖15克

☆温馨提示☆

红枣含有蛋白质、维生素及磷、钙、铁等成分，能补充体力，适合临产孕妇食用。

/ 制作方法 /

1 砂锅中注水烧开，倒入备好的小米、花生、瓜子仁，拌匀。

2 加盖，大火煮开后转小火煮20分钟。

3 掀盖，倒入红枣，搅匀；盖上锅盖，续煮5分钟。

4 掀盖，加入些许红糖，持续搅拌片刻，关火后盛出即成。

脱脂奶黑米水果粥

制作时间 **32** 分钟

🥄 口味：甜　　♨ 烹饪方法：煮

/ 材料 /

水发黑米160克，芒果60克，猕猴桃45克，水发大米150克，脱脂牛奶150毫升

/ 调料 /

白糖少许

☆ 温馨提示 ☆
- - - - - - - - - - - - - - - - - -
黑米含有糖类、锌等成分，有改善贫血、补充体力等功效，较适合第二产程食用。

/ 制作方法 /

❶ 芒果取果肉，改切成小块。

❷ 猕猴桃切开，去除果皮和硬芯部分，把果肉切丁，备用。

❸ 砂锅中注入适量清水烧热，倒入黑米、大米，拌匀。

❹ 盖上盖，烧开后用小火煮约30分钟，至食材变软。

❺ 揭盖，撒上少许白糖，倒入备好的脱脂牛奶，拌匀。

❻ 倒入水果，煮至白糖溶化；盛出粥，点缀上水果即成。

大麦红糖粥

制作时间
33 分钟

🖌️口味：甜　🍳烹饪方法：煮

/ 材料 /
大麦渣350克

/ 调料 /
红糖20克

/ 制作方法 /

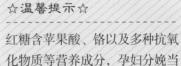

☆温馨提示☆

红糖含苹果酸、铬以及多种抗氧
化物质等营养成分，孕妇分娩当
天食用可补血、补充体力。

1 砂锅注水，倒入大麦渣，拌匀。

2 加盖，用大火煮开后转小火续煮30分钟至熟软。

3 揭盖，倒入红糖，用中火搅拌至溶化。

4 关火后盛出煮好的粥，装碗即可。

脱脂奶鸡蛋羹

制作时间
12分钟

🥄 口味：清淡　🍲 烹饪方法：蒸

/ 材料 /
鸡蛋2个，脱脂牛奶150毫升

/ 制作方法 /
1️⃣ 把鸡蛋打入碗中，搅散、拌匀，倒入备好的脱脂牛奶，搅拌匀。

2️⃣ 注入清水，搅拌匀，制成蛋液，待用。

3️⃣ 取一蒸碗，倒入调好的蛋液，至蒸碗八分满，再覆上一层保鲜膜，盖好，静置一小会，待用。

4️⃣ 蒸锅上火烧开，放入蒸碗，用大火蒸约10分钟，至食材熟透。

5️⃣ 取出蒸碗，稍微冷却后去除保鲜膜即可。

红枣小米粥

制作时间
22分钟

🥄 口味：甜　🍲 烹饪方法：煮

/ 材料 /
水发小米100克，红枣100克

/ 制作方法 /
1️⃣ 砂锅中注水烧热，倒入红枣，用中火煮约10分钟，至其变软，捞出红枣，放在盘中，放凉待用。

2️⃣ 将放凉后的红枣切开，取果肉切碎。

3️⃣ 砂锅中注入清水烧开，倒入备好的小米。

4️⃣ 盖上盖，烧开后用小火煮约20分钟，至米粒变软。

5️⃣ 揭盖，倒入切碎的红枣，搅散、拌匀，略煮一小会儿。

6️⃣ 关火后盛出煮好的粥，装在碗中即成。

牛奶藕粉

制作时间
3 分钟

🖌 口味：清淡　　🥄 烹饪方法：煮

/ 材料 /

鲜牛奶300毫升，藕粉20克

☆温馨提示☆

藕粉含植物蛋白、维生素、铁
等营养成分，产妇食用有补益
气血、健脾开胃等功效。

/ 制作方法 /

❶ 把部分牛奶倒入藕
粉中，拌匀，备用。

❷ 锅置火上，倒入余
下的牛奶，煮开后关
火，待用。

❸ 锅中倒入调好的藕
粉，拌匀。

❹ 再次开火，煮约2分
钟，搅拌均匀至其呈现
糊状；关火后盛出煮好
的糊，装入碗中即成。

水果藕粉羹

制作时间
11分钟

🖊 口味：甜　　🍲 烹饪方法：煮

╱ 材料 ╱

哈密瓜150克，苹果60克，葡萄干20克，糖桂花30克，藕粉45克

╱ 调料 ╱

白糖适量

╱ 制作方法 ╱

1 把藕粉装入碗中，加入少许清水，搅拌均匀。

2 苹果去皮去核，切小块；哈密瓜去皮，再切成小块，备用。

3 开水锅中倒入哈密瓜、苹果、葡萄干、糖桂花，搅拌均匀。

4 盖上锅盖，烧开后用小火煮约10分钟。

5 揭盖，倒入调好的藕粉，搅拌均匀。

6 加入白糖，搅拌匀，煮至白糖溶化；盛出，装碗即可。

藕粉糊

制作时间
2分钟

口味：清淡　　烹饪方法：煮

/ 材料 /
藕粉120克

/ 制作方法 /
1 取一个洗净的碗，将藕粉倒入碗中，加入少许清水。
2 搅拌匀，调成藕粉汁，待用。
3 砂锅中注入适量清水烧开，倒入调好的藕粉汁，边倒边搅拌，至其呈糊状。
4 用中火略煮片刻；关火后盛出煮好的藕粉糊即可。

玉米面糊

制作时间
5分钟

口味：甜　　烹饪方法：煮

/ 材料 /
玉米粉70克

/ 调料 /
蜂蜜15克

/ 制作方法 /
1 玉米粉装入碗中，加入少许清水，调成糊状，备用。
2 锅中注水烧开，倒入玉米糊，搅拌均匀。
3 用小火略煮，倒入适量蜂蜜。
4 转大火，续煮一会儿至熟。
5 关火后盛出煮好的玉米糊，装入碗中，待稍微放凉后即可食用。

莲子奶糊

制作时间 *22* 分钟

🧂 口味：甜　🔥 烹饪方法：煮

/ 材料 /
水发莲子10克，牛奶400毫升

/ 调料 /
白糖3克

/ 制作方法 /
1 取豆浆机，倒入莲子、牛奶，加入白糖。
2 盖上机头，按"选择"键，选择"米糊"选项，再按"启动"键开始运转。
3 待豆浆机运转约20分钟，即成米糊。
4 将豆浆机断电，取下机头。
5 将煮好的米糊倒入备好的碗中，待放凉后即可食用。

黑芝麻牛奶面

制作时间 *4* 分钟

🧂 口味：清淡　🔥 烹饪方法：煮

/ 材料 /
素面50克，黑芝麻3克，牛奶250毫升

/ 调料 /
白糖2克，蜂蜜5克

/ 制作方法 /
1 锅中注入适量清水烧开，倒入素面，煮约2分钟至熟。
2 关火后捞出煮好的素面，装入碗中备用。
3 锅置于火上，倒入牛奶，煮约2分钟。
4 加入蜂蜜、芝麻、白糖，拌至白糖溶化。
5 盛出牛奶，倒入装有素面的碗中即可。

奶香土豆泥

制作时间
*32*分钟

🖊 口味：清淡　　🥄 烹饪方法：拌

/ 材料 /

土豆250克，配方奶粉15克

/ 制作方法 /

1 将适量开水倒入配方奶粉中，用筷子搅拌均匀。

2 洗净的土豆去皮，切成片，待用。

3 蒸锅上火烧开，放入土豆。

4 用大火蒸30分钟至其熟软。

5 将土豆取出，放凉后用刀背将土豆压成泥，放入碗中。

6 将配方奶倒入土豆泥中，拌匀后倒入碗中即成。

馄饨面

制作时间
6 分钟

🖊 口味：鲜　　♨ 烹饪方法：煮

/ 材料 /

面条180克，馄饨皮80克，肉馅85克，红葱头、芹菜各少许，高汤180毫升

/ 调料 /

盐、鸡粉各2克，胡椒粉少许，食用油适量

☆ 温 馨 提 示 ☆

面条易于消化吸收，且富含糖类、磷等营养成分，特别适合做顺产女性的产程助力餐。

/ 制作方法 /

1 将洗净的红葱头切片，改切成碎末；洗好的芹菜切细末。

2 取馄饨皮，盛入适量的肉馅，收好口，制成生坯，装盘。

3 用油起锅，倒入红葱头，快炒至熟软，盛出，装碟，待用。

4 锅中注水烧开，放入面条，煮至其熟软，捞出，沥干。

5 沸水锅中放入馄饨生坯，煮至熟透，捞出，放在面条上。

6 高汤加盐、鸡粉、胡椒粉、芹菜，煮沸，盛入馄饨中，撒上红葱头。

乌龙面蒸蛋

制作时间
12 分钟

🖊 口味：鲜　🥄 烹饪方法：蒸

/ 材料 /

乌龙面85克，鸡蛋1个，水发豌豆20克，上汤120毫升

/ 调料 /

盐1克

/ 制作方法 /

1 砂锅中注水烧开，放入豌豆，煮至断生，捞出待用。

2 将乌龙面切成小段，待用。

3 把鸡蛋打入碗中，搅散、调匀，加入少许上汤，拌匀。

4 倒入乌龙面、豌豆，加少许盐，拌匀，待用。

5 取一蒸碗，倒入拌好的材料；蒸锅上火烧开，放入蒸碗。

6 用中火蒸约10分钟，至食材熟透；取出蒸好的食材即可。

银鱼豆腐面

制作时间

7分钟

🧂口味：鲜　　🍳烹饪方法：煮

╱ 材料 ╱

面条160克，豆腐80克，黄豆芽40克，银鱼干少许，柴鱼片汤500毫升，蛋清15克

╱ 调料 ╱

盐2克，生抽5毫升，水淀粉适量

╱ 制作方法 ╱

1 将洗净的豆腐切开，改切小方块。

2 锅中注水烧开，倒入面条，煮至熟透，捞出，沥干，装碗。

3 另起锅，注入柴鱼汤，放入银鱼干，煮沸，加盐、生抽。

4 倒入黄豆芽、豆腐块，拌匀。

5 淋入水淀粉，拌匀，煮至食材熟透。

6 倒入蛋清，边倒边搅拌，制成汤料，盛入面条中即成。

西红柿碎面条

制作时间
5 分钟

口味：鲜　　烹饪方法：煮

/ 材料 /
西红柿100克，龙须面150克，清鸡汤400毫升

/ 调料 /
食用油适量

☆温馨提示☆

西红柿含有维生素C及多种矿物质，鸡汤富含蛋白质，产妇食用本品具有健胃消食的作用。

/ 制作方法 /

1 在洗净的西红柿上划上十字花刀。

2 将西红柿放入沸水中，略煮，捞出，放入凉水中浸泡片刻。

3 将西红柿剥去皮，切成片，再切丝，改切成丁，备用。

4 开水锅中倒入龙须面，煮至熟软，捞出，沥干，装碗。

5 热锅注油，放入西红柿，翻炒片刻。

6 倒入鸡汤，略煮；关火后将煮好的汤料盛入面中即可。

鲜奶白菜汤

制作时间
22 分钟

🏷 口味：鲜　　🔥 烹饪方法：煮

/ 材料 /

白菜80克，牛奶150毫升，鸡蛋1个，红枣5克

/ 调料 /

盐2克

/ 制作方法 /

1 白菜切粗条；红枣切开，去核；鸡蛋打入碗中，搅散，制成蛋液，备用。

2 砂锅中注入适量清水，倒入红枣，盖上锅盖，用小火煮约15分钟。

3 揭盖，放入备好的牛奶、白菜；盖上盖，用小火续煮5分钟至食材熟透。

4 揭盖，加入盐，倒入蛋液，拌匀，煮至蛋花成形；盛出煮好的汤料，装碗即成。

核桃仁豆腐汤

制作时间
4分钟

🏷 口味：清淡　🍳 烹饪方法：煮

/ 材料 /

豆腐200克，核桃仁30克，肉末45克，葱花、蒜末各少许

/ 调料 /

盐、鸡粉各2克，食用油适量

/ 制作方法 /

1 豆腐切小块；核桃仁切小块，备用。
2 用油起锅，倒入备好的肉末，炒至变色。
3 注入适量清水，略煮一会儿，撇去浮油。
4 撒上蒜末，倒入核桃仁、豆腐。
5 用大火煮约2分钟，加盐、鸡粉，拌匀。
6 煮至入味；盛出汤料，点缀上葱花即成。

家常蔬菜蛋汤

制作时间
2分钟

🏷 口味：鲜　🍳 烹饪方法：煮

/ 材料 /

菜心150克，黄瓜100克，西红柿95克，鸡蛋1个

/ 调料 /

盐、鸡粉各2克，食用油适量

/ 制作方法 /

1 菜心切段，西红柿切瓣。
2 黄瓜去皮，切块；鸡蛋打入碗中，调匀。
3 锅中注水烧开，加入食用油、盐、鸡粉。
4 放入切好的黄瓜、西红柿，用大火煮沸。
5 放入菜心，煮1分钟至熟软。
6 倒入鸡蛋液，煮沸后盛出汤料即成。

蛋花花生汤

🖊口味：清淡　　☕烹饪方法：煮

/ 制作方法 /

1 取一碗，打入鸡蛋，搅散，制成蛋液。

2 锅中注入适量清水烧热，倒入花生，大火煮开后转小火煮5分钟至熟。

3 加入盐，续煮片刻至入味。

4 倒入蛋液，略煮至形成蛋花，拌匀；关火，盛出煮好的汤，装入碗中即成。

/ 材料 /
鸡蛋1个，花生50克

/ 调料 /
盐3克

☆温馨提示☆

花生含蛋白质、维生素E、钾等成分，具有益气补血、养阴补虚等功效，适合产妇食用。

鱼肉果汁汤

制作时间
5分钟

口味：甜　　烹饪方法：煮

/ 材料 /
草鱼肉120克，苹果100克，哈密瓜90克，红薯粉50克

/ 制作方法 /

1 将红薯粉放入碗中，倒入适量清水，备用。

2 去皮的哈密瓜切丁；苹果去皮，去核，切丁；草鱼肉切丁。

3 取榨汁机，选搅拌刀座组合，倒入清水、哈密瓜、苹果。

4 加盖，选择"搅拌"功能，榨取果汁，倒入碗中待用。

5 选绞肉刀座组合，放入鱼肉，将其绞碎后取出。

6 锅中倒入果汁、肉泥，煮沸，倒入红薯粉，煮熟后盛出。

冬瓜雪梨谷芽鱼汤

制作时间 186 分钟

🏷 口味：鲜　🍲 烹饪方法：煮

／ 材料 ／

冬瓜200克，雪梨150克，草鱼250克，谷芽5克，水发银耳80克，姜片少许

／ 调料 ／

盐2克，食用油适量

／ 制作方法 ／

1 草鱼切块，放入油锅炸3分钟，取出。

2 取隔渣袋，倒入草鱼块，系好待用。

3 砂锅中注水，倒入切好的冬瓜、雪梨、姜片、谷芽、银耳、隔渣袋，拌匀。

4 煮开后转小火煮3小时，加盐，拌匀。

5 取出隔渣袋中的鱼块，和汤一起装碗。

牛奶鲫鱼汤

制作时间 7 分钟

🏷 口味：鲜　🍲 烹饪方法：煮

／ 材料 ／

净鲫鱼400克，豆腐200克，牛奶90毫升，姜丝、葱花各少许

／ 调料 ／

盐2克，鸡粉少许，食用油适量

／ 制作方法 ／

1 豆腐切小块；用油起锅，放入鲫鱼，用小火煎至散出香味，翻转鱼身，至两面断生。

2 关火后盛出鲫鱼，装入盘中，待用。

3 开水锅中放入姜丝、鲫鱼、鸡粉、盐，拌匀，续煮3分钟，放豆腐、牛奶，略煮。

4 关火后盛出煮好的汤料，撒上葱花即成。

南瓜面片汤

制作时间
5 分钟

口味：清淡　烹饪方法：煮

/ 材料 /

馄饨皮100克，南瓜200克，香菜叶少许

/ 调料 /

盐、鸡粉各2克，食用油适量

☆温馨提示☆

南瓜富含粗纤维，具有促进新陈代谢的作用。馄饨皮富含淀粉，能为产妇补充能量。

/ 制作方法 /

1 洗好去皮的南瓜切厚片，再切条，改切成丁，备用。

2 用油起锅，倒入切好的南瓜，炒匀。

3 加入适量清水，煮约1分钟，放入馄饨皮，搅匀，煮至熟软。

4 加盐、鸡粉，拌匀，煮至入味；盛出煮好的面汤，装入碗中，点缀上香菜叶即可。

小墨鱼豆腐汤

制作时间

5分钟

🧂 口味：鲜　　🔥 烹饪方法：煮

/ 材料 /

豆腐250克，小墨鱼150克，香菜、葱段、姜片各少许

/ 调料 /

盐、鸡粉各2克，料酒8毫升

☆温馨提示☆

小墨鱼含有蛋白质、铁等营养成分，产妇食用，有增进食欲、益气补血等作用。

/ 制作方法 /

1 洗净的豆腐切成条，再切成小块，装碗，备用。

2 锅中注水烧开，倒入小墨鱼，淋入少许料酒，搅匀。

3 将氽煮好的墨鱼捞出，沥干水分，装盘待用。

4 开水锅中倒入氽过水的小墨鱼、姜片、葱段、豆腐块。

5 加入少许盐、鸡粉，搅匀调味。

6 放入香菜，搅匀，略煮一会儿；关火后盛出即成。

橘皮鱼片豆腐汤

制作时间 7分钟

🖊 口味：鲜　🍲 烹饪方法：煮

/ 材料 /
草鱼肉260克，豆腐200克，橘皮少许

/ 调料 /
盐2克，鸡粉、胡椒粉各少许

/ 制作方法 /
1 将洗净的橘皮切开，再改切细丝；草鱼肉切片；豆腐切小方块。
2 锅中注水烧开，倒入豆腐块，拌匀。
3 大火煮约3分钟，再加入少许盐、鸡粉。
4 放入鱼肉片，搅散，撒上适量胡椒粉。
5 转中火煮约2分钟，倒入橘皮丝，煮香。
6 关火后盛出豆腐汤，装在碗中即成。

西红柿豆腐汤

制作时间 7分钟

🖊 口味：清淡　🍲 烹饪方法：煮

/ 材料 /
豆腐块180克，西红柿块150克，葱花少许

/ 调料 /
盐、鸡粉各2克，番茄酱适量

/ 制作方法 /
1 锅中注水烧开，倒入切好的豆腐，煮约2分钟，捞出余煮好的豆腐，装盘备用。
2 锅中注入适量清水烧开，倒入切好的西红柿，搅拌匀，加入盐、鸡粉，煮约2分钟。
3 加入少许番茄酱，搅拌匀。
4 倒入余煮好的豆腐，拌匀，煮约1分钟。
5 关火，盛出煮好的汤料，撒上葱花即可。

玉米汁

制作时间
3分钟

🖍 口味：甜　　🍲 烹饪方法：榨汁

/ 材料 /
鲜玉米粒70克

/ 调料 /
白糖适量

/ 制作方法 /

1 取榨汁机，选择搅拌刀座组合，倒入玉米粒，注入温开水，加盖，选择"榨汁"功能，榨取玉米汁。

2 揭盖，加入白糖；盖上盖，再次选择"榨汁"功能，拌至糖分溶化，将榨好的玉米汁倒入杯中。

3 锅置火上，放入玉米汁，加盖，烧开后用中小火煮约3分钟至熟。

4 揭盖，将煮好的玉米汁倒入杯中即可。

紫薯牛奶西米露

制作时间 *28*分钟

口味：甜　　烹饪方法：煮

╱材料╱

紫薯块60克，牛奶95毫升，西米45克

╱调料╱

冰糖适量

☆温馨提示☆

紫薯含有果胶、纤维素等成分，尤其以淀粉的含量特别高，可为产妇及时补充能量。

╱制作方法╱

1 蒸锅置火上烧开，放入紫薯块，加盖，用中火蒸约10分钟。

2 揭盖，取出紫薯块，放凉后切成丁。

3 汤锅置火上，注入牛奶，加入冰糖，拌匀，煮至糖分溶化。

4 倒入西米、紫薯，拌匀，煮至熟；关火后盛出，装入杯中即成。

PART 3

产后第1周，
抓住代谢排毒的黄金期

　　刚刚生完孩子的新妈妈由于耗费了大量的能量和体力，身体尤为虚弱，合理的饮食将为新妈妈元气的恢复打下牢固的基础。但值得注意的是，产后第1周的饮食应以利水消肿、排出恶露、调整肠胃、预防产后虚脱为原则，切记不可大补。那么究竟怎样吃才好呢？在本章，您将会了解到各类荤素食材的百变搭配，在品味口味清爽的美味菜肴时一样也能获得均衡全面的营养。

恭喜你在经历了艰难的分娩过程后，终于顺利完成了从孕妇到妈咪的转变。幸福袭来的同时，你可能会明显感到虚弱，身体上的疼痛仍然没有消除，因此，这个阶段的调理重点是多休息，尽快排出体内的恶露等污物，补充元气、强健脾胃，促进伤口愈合，恢复子宫机能。

饮食调理

1.产后第1周又称为新陈代谢周，是排出怀孕时体内贮留的毒素、多余的水分、废血、废气的关键时期。本周的饮食要以排毒为先，如果太补，恶露和毒素就可能排不干净。

2.由于产后最初几天，身体会很虚弱，因此妈妈的胃口会非常差。此时应尽量选择有营养、口感细软、易消化的食物，饮食以清淡为佳，如素汤、肉末蔬菜以及具有开胃作用的水果，如橙子、柚子、猕猴桃等。

3.自然生产的妈妈，伤口愈合较快，一般只需3~4天，剖宫产妈妈则大概需要1周时间。产后6~7天，妈妈可根据体质将饮食逐渐恢复到正常，可适当多吃些鱼肉、排骨等营养丰富的食物，以加速伤口的愈合。

日常护理

1.注意保暖。女性在分娩之后，体内的雌、孕激素水平会迅速下降，身体系统包括内分泌系统的功能也都在逐渐恢复到非妊娠状态，体内多余的水分和电解质也随之被排出体外。排泄主要通过肾脏和皮肤，故在产后最初几天，尿量增多的同时，也特别容易出汗，而出汗后毛孔会打开，这时就很容易受寒着凉，因此即使在夏天也要做好保暖工作。

2.会阴清洁和伤口护理。在产后，妈妈会排出大量恶露，所以尤其要注意清洁。在冲洗时，最好采用坐姿，由前往后冲洗，以避免将细菌带入尿道口而引发尿路感染。做过会阴侧切手术的妈妈，在护理上更应特别小心，要注意避免伤口发生血肿、感染等。术后的最初几天，宜采用右侧卧位，这样有助于伤口内积血的流出。

鸡肉布丁饭

制作时间
12 分钟

🖋 口味：鲜　🍳 烹饪方法：蒸

/ 材料 /

鸡胸肉40克，胡萝卜30克，鸡蛋1个，芹菜20克，牛奶100毫升，软饭150克

/ 制作方法 /

1 将鸡蛋打入碗中，打散，调匀。

2 洗好的胡萝卜、芹菜分别切粒；鸡胸肉切片，改切粒。

3 将米饭倒入碗中，再放入牛奶、蛋液，拌匀。

4 放入鸡肉丁、胡萝卜、芹菜，搅拌匀，装入蒸碗中。

5 将蒸碗放入烧开的蒸锅中，盖上盖，用中火蒸10分钟至熟。

6 揭盖，把蒸好的米饭取出，待稍微冷却后即可食用。

黑米杂粮饭

制作时间 47分钟

> 口味：清淡　　烹饪方法：蒸

/ 材料 /

黑米、荞麦、绿豆各50克，燕麦40克，鲜玉米粒90克

/ 制作方法 /

1. 把准备好的食材放入碗中，加入清水，清洗干净。
2. 将洗好的杂粮捞出，装入另一个碗中，倒入适量清水。
3. 将装有食材的碗放入烧开的蒸锅中。
4. 盖上盖，用中火蒸40分钟，至食材熟透。
5. 揭盖，把蒸好的杂粮饭取出，放上熟枸杞点缀即成。

什锦炒软饭

制作时间 3分钟

> 口味：鲜　　烹饪方法：炒

/ 材料 /

西红柿60克，鲜香菇25克，肉末45克，软饭200克，葱花少许

/ 调料 /

盐少许，食用油适量

/ 制作方法 /

1. 将洗净的西红柿切小瓣，再切成丁；洗净的香菇切粗丝，再切成丁。
2. 用油起锅，倒入备好的肉末，炒至转色。
3. 再放入切好的西红柿、香菇，炒匀、炒香，倒入备好的软饭，炒散、炒透。
4. 撒上葱花，加盐，炒匀调味，盛出即成。

菌菇稀饭

制作时间
21 分钟

🖊 口味：清淡　🍲 烹饪方法：煮

／材料／
金针菇70克，胡萝卜35克，香菇15克，绿豆芽25克，软饭180克

／调料／
盐少许

☆温馨提示☆

绿豆芽富含纤维素和锌，具有解毒、增进食欲等功效。本品可加些肉末，营养更丰富。

／制作方法／

1 豆芽切粒；金针菇切去根部，切段；香菇、胡萝卜分别切丁。

2 锅中注水，放入食材，用大火煮沸后转小火，倒入软饭，拌散。

3 加盖，煮20分钟至食材软烂；揭盖，倒入绿豆芽，搅拌片刻。

4 加盐，拌至入味；关火，将做好的稀饭盛出，装入碗中即成。

芥菜黄豆粥

制作时间
45 分钟

🖊 口味：清淡　　🍲 烹饪方法：煮

/ 材料 /
水发黄豆100克，芥菜50克，水发大米80克

/ 调料 /
盐2克，鸡粉、芝麻油各少许

/ 制作方法 /

1 洗净的芥菜切成碎末，备用。

2 砂锅中注水烧开，倒入洗好的黄豆、大米，搅拌均匀。

3 盖上盖，用小火煲煮约40分钟，至食材熟透。

4 揭盖，用勺搅匀。

5 倒入切好的芥菜，拌煮至软。

6 放入盐、鸡粉、芝麻油，煮至入味；关火后盛出即成。

枸杞核桃粥

制作时间
62 分钟

🖊 口味：甜　　🍲 烹饪方法：煮

/ 材料 /

水发粳米100克，核桃仁20克，枸杞10克

/ 调料 /

白糖10克

☆温馨提示☆

核桃仁含有蛋白质、B族维生素等成分，具有润肠通便、通乳等作用，适合产妇食用。

/ 制作方法 /

1 砂锅中注水烧开，倒入备好的粳米，放入核桃仁，拌匀。

2 盖上盖，烧开后用小火煮约60分钟，至食材熟透。

3 揭盖，撒上枸杞，加入少许白糖。

4 搅拌匀，用中火略煮，至糖分溶化；关火后盛出煮好的粥，装在碗中即可。

果味麦片粥

🖊 口味：甜　🍲 烹饪方法：煮

/ 材料 /

猕猴桃40克，圣女果15克，燕麦片70克，牛奶150毫升，葡萄干30克

/ 制作方法 /

1️⃣ 圣女果切成丁；猕猴桃切瓣，去皮，把果肉切成条，再切成丁。

2️⃣ 汤锅中注入适量清水用大火烧热，放入适量葡萄干。

3️⃣ 盖上盖，烧开后煮3分钟。

4️⃣ 揭盖，倒入牛奶，放入燕麦片。

5️⃣ 拌匀，转小火煮5分钟至呈黏稠状。

6️⃣ 倒入部分猕猴桃，拌匀；将锅中的粥盛出装碗，放入圣女果和剩余的猕猴桃即可。

红薯碎米粥

🖊 口味：甜　🍲 烹饪方法：煮

/ 材料 /

红薯85克，水发大米80克

/ 制作方法 /

1️⃣ 将去皮洗净的红薯切成片，再切成丝，改切成粒。

2️⃣ 再把切好的红薯装入盘中，待用。

3️⃣ 把锅置于火上，注入适量的清水，用大火烧开。

4️⃣ 倒入泡发好的大米，拌匀，放入红薯，搅拌匀。

5️⃣ 盖上盖，用小火煮30分钟至大米熟烂；揭盖，再煮片刻；盛出，装入碗中即可。

胡萝卜汁米粉

制作时间
4分钟

🖊 口味：清淡　　🍲 烹饪方法：煮

/ **材料** /
胡萝卜135克，米碎60克

/ **调料** /
盐少许

/ **制作方法** /

1 胡萝卜切开，再切成条形，改切成末。

2 开水锅中倒入胡萝卜，焯煮2分钟，捞出，沥干。

3 取榨汁机，选择搅拌刀座组合，倒入清水、焯过的胡萝卜。

4 通电后选择"搅拌"功能，制取汁水，倒入碗中备用。

5 汤锅中倒入胡萝卜汁，煮约2分钟，倒入米碎，搅拌均匀。

6 调入盐，用小火续煮至食材呈米糊状，盛出即成。

苹果胡萝卜泥

制作时间
17分钟

口味：甜　　烹饪方法：煮

/制作方法/

1 苹果去皮切瓣，去核，切块；胡萝卜切丁；分别装入蒸盘中。

2 将蒸盘放入烧开的蒸锅中，蒸15分钟至熟，取出。

3 取榨汁机，选择搅拌刀座组合，放入蒸熟的胡萝卜、苹果、白糖。

4 盖盖，选择"搅拌"功能，制取果蔬泥，断电后盛出即成。

/材料/
苹果90克，胡萝卜120克

/调料/
白糖10克

☆温馨提示☆

苹果富含矿物质和粗纤维，胡萝卜富含多种维生素，对产后虚弱、贫血的女性有利。

胡萝卜奶香糙米糊

制作时间
25分钟

口味：甜　　烹饪方法：煮

╱材料╱
去皮胡萝卜350克，水发糙米350克，淡奶油15克

╱调料╱
蜂蜜15克

☆温馨提示☆

糙米含有淀粉、纤维素及多种矿物质等营养成分，具有健脾养胃、利水消肿等作用。

╱制作方法╱

1 洗净的胡萝卜切粗条，改切成丁。

2 取豆浆机，倒入胡萝卜、糙米，注入水，加蜂蜜，盖上机头。

3 按"选择"键，选择"米糊"，再按"启动"键，开始煮制。

4 取出机头，将米糊盛入碗中，以画圈的方式浇上淡奶油即可。

南瓜小米糊

口味：清淡　　烹饪方法：煮

/ 材料 /

南瓜160克，小米100克，蛋黄末少许

☆温馨提示☆
- - - - - - - - - - - - - - - - - - - -
南瓜富含维生素和磷等成分，具有健胃消食、保护胃肠道黏膜之效，适合产妇食用。

/ 制作方法 /

1 将去皮洗净的南瓜切片，摆放在蒸盘中，待用。

2 蒸锅上火烧沸，放入蒸盘，用中火蒸约15分钟至南瓜变软。

3 取出蒸好的南瓜，放凉；把放凉的南瓜制成南瓜泥，待用。

4 汤锅中注水烧开，倒入小米，煮沸后用小火煮约30分钟。

5 取下盖子，倒入南瓜泥，搅散，拌匀。

6 撒上备好的蛋黄末，续煮片刻至沸；关火后盛出即成。

鸡蛋燕麦糊

制作时间
21分钟

✎ 口味：甜　🍲 烹饪方法：煮

/ 材料 /
燕麦片80克，鸡蛋60克，奶粉35克

/ 调料 /
白糖10克，水淀粉适量

/ 制作方法 /
1 鸡蛋打开，取出蛋清，备用。
2 取一个干净的碗，倒入备好的奶粉，注入少许清水，搅拌均匀，备用。
3 砂锅中注水烧开，倒入燕麦片，拌匀。
4 加盖，烧开后用小火煮约20分钟。
5 揭盖，加入白糖、调好的奶粉，搅匀。
6 倒入水淀粉、蛋清，拌匀；盛出即成。

核桃糊

制作时间
16分钟

✎ 口味：淡　🍲 烹饪方法：煮

/ 材料 /
米碎70克，核桃仁30克

/ 制作方法 /
1 取榨汁机，倒入米碎，再注入清水，通电后选择"搅拌"功能，搅拌片刻，断电后取出拌好的米碎，备用。
2 把洗好的核桃仁放入榨汁机中，注入清水，通电后选择"搅拌"功能，搅拌片刻，制成核桃浆，备用。
3 汤锅置于火上加热，倒入核桃浆、米浆，搅散，拌匀。
4 用小火续煮片刻至食材熟透，待浆汁沸腾后关火，盛出煮好的核桃糊，放在小碗中即可食用。

时蔬肉饼

制作时间 25 分钟

口味：鲜　　烹饪方法：蒸

/ 材料 /

菠菜、芹菜50克，西红柿、土豆各85克，肉末75克

/ 调料 /

盐少许

/ 制作方法 /

1 开水锅中放入西红柿，烫煮1分钟，取出，去除皮。

2 土豆切块；芹菜剁成末；菠菜切粒；西红柿去蒂，再剁碎。

3 切好的土豆装盘，再放入烧开的蒸锅中，蒸熟透后取出。

4 土豆剁成泥，加入肉末、盐、西红柿、菠菜、芹菜，拌匀。

5 取调好的蔬菜肉泥放入模具中，制成饼坯，装入盘中备用。

6 饼坯放入烧开的蒸锅中，用大火蒸至熟，取出装盘即成。

猕猴桃蛋饼

制作时间
3 分钟

🥄 口味：鲜　　🍳 烹饪方法：煎

╱ 材料 ╱

猕猴桃50克，鸡蛋1个，牛奶50毫升

╱ 调料 ╱

白糖7克，生粉15克，水淀粉、食用油各适量

☆温馨提示☆
- - - - - - - - - - - - - - - -
猕猴桃甜酸宜人，且富含维生素，可强化免疫系统，对促进新妈妈的伤口愈合有利。

╱ 制作方法 ╱

1 将猕猴桃切成片，装入碗中，放入牛奶，制成果汁，备用。

2 鸡蛋打入碗中，加白糖、水淀粉、生粉，拌匀，制成鸡蛋糊。

3 煎锅中注油烧热，倒入鸡蛋糊，摊平，用小火煎至两面熟透。

4 盛出饼，待稍冷却后倒入果汁，卷成圆筒，切小段，摆盘即成。

肉末碎面条

制作时间
4分钟

口味：清淡　　烹饪方法：煮

/ 材料 /

肉末50克，上海青、胡萝卜各适量，水
发面条120克，葱花少许

/ 调料 /

盐2克，食用油适量

/ 制作方法 /

1 胡萝卜切粒，上海
青切粒，面条切成小
段，把切好的食材分
别装在盘中，待用。

2 用油起锅，倒入备
好的肉末，翻炒至其
松散、变色。

3 放入胡萝卜粒、上
海青，翻炒几下，注
入适量清水。

4 加盐调味，大火煮
沸后下入面条，转中
火煮至熟，盛出，撒
上葱花即成。

鸡蓉玉米面

制作时间
6分钟

✎ 口味：鲜　🍳 烹饪方法：煮

/ 材料 /

水发玉米粒40克，鸡胸肉20克，面条30克

/ 调料 /

盐少许，食用油适量

/ 制作方法 /

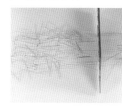   

1 玉米粒剁碎；面条切成段；洗净的鸡胸肉切成小块，再剁成肉末。

2 用油起锅，放入肉末，炒至转色，倒入适量清水，放入玉米碎，拌匀、搅散。

3 加入适量盐，用汤勺拌匀调味，用大火煮至沸腾。

4 揭盖，放入面条，拌匀，用中火煮4分钟至食材熟透，盛出，装碗即成。

上汤枸杞娃娃菜

🖊 口味：清淡　🍳 烹饪方法：煮

/ 材料 /
娃娃菜270克，鸡汤260毫升，枸杞少许

/ 调料 /
盐、鸡粉各2克，胡椒粉、水淀粉各适量

/ 制作方法 /
1 锅中注入清水烧热，倒入鸡汤，加少许盐、鸡粉，用大火略煮片刻。
2 待汤汁沸腾，倒入洗净的娃娃菜，煮至软，捞出，沥干水分，摆放在盘中，备用。
3 锅中留汤汁烧热，倒入枸杞，拌匀。
4 加胡椒粉，用水淀粉勾芡，调成味汁。
5 关火后盛出味汁，浇在娃娃菜上即可。

山楂玉米粒

🖊 口味：酸　🍳 烹饪方法：炒

/ 材料 /
鲜玉米粒100克，水发山楂20克，姜片、葱段各少许

/ 调料 /
盐3克，鸡粉2克，水淀粉、食用油各适量

/ 制作方法 /
1 开水锅中加盐，倒入玉米粒，煮1分钟。
2 放入山楂，焯煮片刻，捞出，沥干待用。
3 锅中注油烧热，放姜片、葱段，炒香。
4 倒入焯煮好的食材，快速拌炒匀。
5 加盐、鸡粉，炒匀调味，倒入水淀粉。
6 快速拌炒至锅中食材入味；盛出即可。

蒸苹果

制作时间

77分钟

🖊 口味：甜　　🍳 烹饪方法：蒸

/ 材料 /

苹果1个

☆温馨提示☆
- -
苹果所含的果胶属于可溶性纤维，可促进肠胃蠕动，帮助新妈妈排出体内毒素。

/ 制作方法 /

1 将洗净的苹果对半切开，削去外皮。

2 把苹果切成瓣，去核，再切成片，改切成丁，装入碗中。

3 蒸锅上火烧热，放入装有苹果的碗，盖上盖，中火蒸10分钟。

4 揭盖，将蒸好的苹果取出，待稍微冷却后即可食用。

清蒸豆腐丸子

制作时间
7分钟

🖊 口味：鲜　　🍴 烹饪方法：蒸

/ 材料 /

豆腐180克，鸡蛋1个，面粉30克，葱花少许

/ 调料 /

盐2克，食用油少许

☆温馨提示☆
- - - - - - - - - - - - - - - - - - - -
豆腐不仅营养价值高，且味道清新，其富含的蛋白质，对新妈妈的伤口愈合有利。

/ 制作方法 /

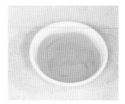

1 将鸡蛋打入小碗中，取出蛋黄，放在小碟子中，待用。

2 豆腐装入碗中，搅碎，倒入备好的蛋黄，拌匀、搅散。

3 调入盐，撒上葱花，倒入面粉，搅拌至起劲，制成面糊。

4 取一蒸盘，抹上食用油，装入用面糊制成的豆腐丸子。

5 蒸锅上火烧开，放入蒸盘，加盖，用大火蒸约5分钟。

6 关火后揭开盖，取出蒸好的豆腐丸子，摆好盘即成。

清蒸鳕鱼

制作时间
77分钟

🏷 口味：鲜　　🍲 烹饪方法：蒸

／ 材料 ／
鳕鱼块100克

／ 调料 ／
盐2克，料酒适量

／ 制作方法 ／
1 将洗净的鳕鱼块装入碗中。
2 加入适量料酒，抓匀，再放入适量盐。
3 抓匀，腌渍10分钟至入味。
4 将鳕鱼块装入盘中，放入烧开的蒸锅中。
5 盖上盖，用大火蒸10分钟至鳕鱼熟透。
6 揭盖，将蒸好的鳕鱼块取出，稍微冷却后即可食用。

清蒸石斑鱼片

制作时间
8分钟

🏷 口味：鲜　　🍲 烹饪方法：蒸

／ 材料 ／
石斑鱼片60克，葱条、彩椒、姜块各少许

／ 调料 ／
蒸鱼豉油适量

／ 制作方法 ／
1 洗净的葱条切细丝；洗好的彩椒切细丝。
2 去皮洗净的姜块切薄片，再切细丝。
3 取一个蒸盘，放入备好的石斑鱼片，铺放整齐，待用。
4 蒸锅上火烧开，放入蒸盘，中火蒸至鱼肉熟透，关火后取出蒸好的鱼片，趁热撒上葱丝、彩椒丝、姜丝，浇上蒸鱼豉油即成。

菠菜拌鱼肉

制作时间
13分钟

🔪 口味：鲜　　🍲 烹饪方法：炒

╱材料╱

菠菜70克，草鱼肉80克

╱调料╱

盐少许，食用油适量

╱制作方法╱

1 汤锅中注水烧开，放入菠菜，煮至熟，捞出，备用。

2 将装有鱼肉的盘子放入烧开的蒸锅中，蒸10分钟后取出。

3 将菠菜切碎，备用；用刀把鱼肉压烂，剁碎。

4 用油起锅，倒入备好的鱼肉。

5 再放入菠菜，加入少许盐。

6 拌炒均匀，至香味散出；将锅中材料盛出，装入碗中即可。

鲜香菇豆腐脑

制作时间
8分钟

🖊 口味：鲜　　🍲 烹饪方法：煮

/ 材料 /
内酯豆腐1盒，木耳、鲜香菇各少许

/ 调料 /
盐2克，生抽、老抽各2毫升，水淀粉3毫升，食用油适量

☆ 温馨提示 ☆
木耳的蛋白质、钙、纤维素含量很高，新妈妈适量食用，过乳给宝宝可促进宝宝的成长。

/ 制作方法 /

1 洗净的香菇切丝，切成粒；木耳切丝，切成粒。

2 把备好的豆腐放入烧开的蒸锅中，用中火蒸5分钟至熟，取出。

3 用油起锅，倒入香菇、木耳，炒匀，加清水、盐、生抽，煮沸。

4 倒入老抽，淋入水淀粉勾芡，炒匀，盛放在豆腐上即可。

鱼泥西红柿豆腐

制作时间
5 分钟

口味：甜　　烹饪方法：炒

/ 材料 /

豆腐130克，西红柿、草鱼肉各60克，姜末、蒜末、葱花各少许

/ 调料 /

番茄酱10克，白糖6克，食用油适量

/ 制作方法 /

1 豆腐剁成泥；草鱼肉切块；西红柿去蒂。

2 鱼肉、西红柿放入蒸锅中，蒸熟后取出。

3 将鱼肉剁成泥；西红柿去皮，剁碎。

4 用油起锅，下入姜末、蒜末、鱼肉泥、豆腐泥，炒匀，加入番茄酱、清水、西红柿。

5 放入白糖、葱花，拌炒均匀，盛出即成。

肉松鲜豆腐

制作时间
2 分钟

口味：鲜　　烹饪方法：炒

/ 材料 /

肉松30克，火腿50克，小白菜45克，豆腐190克

/ 调料 /

盐3克，生抽2毫升，食用油适量

/ 制作方法 /

1 豆腐切粒；小白菜、火腿分别切粒。

2 锅中注水烧开，放入盐，倒入豆腐块，略煮，捞出，沥干水分后装入碗中，待用。

3 用油起锅，倒入火腿粒，炒香，放入切好的小白菜，炒匀，放生抽、盐，炒匀调味。

4 把炒好的材料盛在豆腐上，加肉松即成。

西红柿烧牛肉

制作时间
5分钟

🖊 口味：鲜　　🍴 烹饪方法：焖

/ 材料 /
西红柿90克，牛肉100克，姜片、蒜片、葱花各少许

/ 调料 /
盐3克，鸡粉、白糖各2克，食粉少许，番茄汁15克，料酒3毫升，水淀粉2毫升，食用油适量

/ 制作方法 /

1 西红柿对半切开，去蒂，切成小块；洗好的牛肉切成片。

2 牛肉中加食粉、盐、鸡粉、水淀粉、食用油，腌至入味。

3 用油起锅，放入姜片、蒜片、爆香，倒入牛肉片，炒匀。

4 淋入料酒，炒香，放入西红柿，翻炒匀，倒入适量清水。

5 加入盐、白糖，拌匀；盖上盖子，用中火焖3分钟至熟。

6 揭盖，加番茄汁，炒至食材入味；盛出，放入葱花即可。

油麦菜烧豆腐

制作时间 3分钟

口味：清淡　　烹饪方法：炒

/ 材料 /

豆腐200克，油麦菜100克，蒜末少许

/ 调料 /

盐3克，鸡粉2克，生抽5毫升，水淀粉、食用油各适量

/ 制作方法 /

1 将洗净的油麦菜切成段，备用。

2 洗好的豆腐切开，再切成小方块。

3 开水锅中加入盐、豆腐块，搅匀，煮约半分钟，捞出待用。

4 用油起锅，放入蒜末，爆香，倒入油麦菜，翻炒至其变软。

5 倒入豆腐、清水，煮至沸腾，加生抽、盐、鸡粉，煮至熟。

6 转大火收汁，倒入水淀粉，翻炒至食材熟透；盛出即成。

芦笋炒猪肝

制作时间
13 分钟

口味：鲜　　烹饪方法：炒

/ 材料 /

猪肝350克，芦笋120克，红椒20克，姜丝少许

/ 调料 /

盐、鸡粉各2克，生抽、料酒各4毫升，水淀粉、食用油各适量

☆温馨提示☆
- - - - - - - - - - - - - - - - - - -
芦笋含有多种氨基酸、硒等成分，具有增强免疫力的功效，适合体质较差的新妈妈食用。

/ 制作方法 /

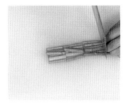

1 芦笋切段；红椒切开，去籽，用斜刀切块；猪肝切片。

2 猪肝放入碗中，加盐、料酒、水淀粉、食用油，腌至入味。

3 开水锅中放芦笋，加盐、食用油、红椒块，略煮，捞出。

4 锅中注油烧热，倒入猪肝，拌匀，捞出猪肝，沥干，待用。

5 锅底留油，倒入姜丝，爆香，放入焯过水的食材、猪肝。

6 加盐、生抽、鸡粉、水淀粉，炒至入味；盛出即可。

蒸肉豆腐

🖊 口味：鲜　🍳 烹饪方法：蒸

/ 材料 /
鸡胸肉120克，豆腐100克，鸡蛋1个，葱末少许

/ 调料 /
盐、生粉各2克，生抽2毫升，食用油适量

/ 制作方法 /
1 鸡胸肉切丁；鸡蛋打入碗中，制成蛋液。
2 取榨汁机，选绞肉刀座组合，把鸡肉倒入杯中，绞成肉泥，再倒入碗中。
3 加蛋液、葱末、盐、生抽、生粉，拌匀。
4 取一个碗，抹上食用油，倒入豆腐泥、鸡肉泥，放入蒸锅中，蒸10分钟后取出即可。

五宝菜

🖊 口味：清淡　🍳 烹饪方法：炒

/ 材料 /
绿豆芽45克，彩椒、胡萝卜各40克，小白菜、鲜香菇各35克

/ 调料 /
盐3克，鸡粉少许，料酒3毫升，水淀粉、食用油各适量

/ 制作方法 /
1 彩椒、香菇切粗丝；胡萝卜切细丝。
2 开水锅中放食用油、盐、胡萝卜、香菇、绿豆芽、小白菜、彩椒，煮片刻，捞出。
3 用油起锅，倒入焯过的食材，炒匀，加料酒、盐、鸡粉、水淀粉调味，盛出即成。

西蓝花浓汤

制作时间
8 分钟

🖊 口味：清淡　　🍲 烹饪方法：榨汁

╱ 材料 ╱
土豆90克，西蓝花55克，面包45克，奶酪40克

╱ 调料 ╱
盐少许，食用油适量

╱ 制作方法 ╱

1 开水锅中放入西蓝花，焯煮约1分钟，捞出，放在盘中。

2 面包切丁；土豆切块；西蓝花切碎；取奶酪压成奶酪泥。

3 炒锅中注油烧热，倒入面包，炸至呈微黄色，捞出待用。

4 锅底留油，倒入土豆，注水，煮熟，加盐拌匀，盛入碗中。

5 碗中倒入西蓝花，放入奶酪泥，混合均匀，待用。

6 将碗中食材倒入榨汁机，制成浓汤；倒出后撒上面包即成。

黑豆百合豆浆

制作时间
16 分钟

🖊 口味：清淡　🥄 烹饪方法：煮

/ 制作方法 /

1 将浸泡好的黑豆倒入碗中，注水，搓洗干净，倒入滤网中，沥干。

2 将百合、黑豆倒入豆浆机中，加入冰糖，注水至水位线即可。

3 选择"五谷"程序，按"开始"键，待豆浆机运转约15分钟。

4 把煮好的豆浆倒入滤网中，滤取豆浆；再倒入碗中即可。

/ 材料 /

鲜百合8克，水发黑豆50克

/ 调料 /

冰糖适量

☆温馨提示☆

- -

黑豆含有叶酸及多种维生素、对产妇有解表清热、养血平肝、补虚等功效。

全麦豆浆

🖊 口味：甜　　🥄 烹饪方法：煮

制作时间 **21** 分钟

/材料/
荞麦、小麦各30克，水发黄豆40克

/调料/
冰糖适量

/制作方法/

1 将黄豆倒入碗中，放入小麦、荞麦，注水，搓洗干净。

2 把洗好的食材倒入滤网中，沥干水分。

3 把洗净的食材倒入豆浆机中，加入适量冰糖。

4 注入适量清水，至水位线即可。

5 选择"五谷"程序，按"开始"键，榨取豆浆。

6 把煮好的豆浆倒入滤网中，滤取豆浆；倒入碗中，撇去浮沫。

黑豆三香豆浆

制作时间
25 分钟

口味：清淡　　烹饪方法：煮

材料

花生米30克，核桃仁、黑芝麻各20克，水发黑豆、水发黄豆各60克

制作方法

1 黄豆、黑豆、花生米、核桃仁、黑芝麻装碗，加水洗净。

2 将洗好的材料倒入滤网中，沥干水分。

3 把洗好的材料倒入豆浆机中。

4 注入适量清水，至水位线即可。

5 选择"五谷"程序，按"开始"键，制成豆浆。

6 将煮好的豆浆倒入滤网中，再倒入杯中，捞去浮沫即可。

紫薯牛奶豆浆

制作时间
15 分钟

🖊 口味：清淡　　🍲 烹饪方法：煮

／材料／
紫薯30克，水发黄豆50克，牛奶200毫升

☆温馨提示☆
牛奶含有乳糖、铁等成分，具
有改善新陈代谢、安神助眠之
效，适合体虚的新妈妈食用。

／制作方法／

1 紫薯切成滚刀块，
装入盘中，备用。

2 把紫薯放入豆浆机
中，倒入牛奶、黄豆，
注水至水位线。

3 选择"五谷"程
序，按"开始"键，待
豆浆机运转约15分钟。

4 把豆浆倒入滤网
中，滤取豆浆；倒入碗
中，捞去浮沫即可。

核桃黑芝麻枸杞豆浆

制作时间 17分钟

/ 材料 /

枸杞、核桃仁、黑芝麻各15克，水发黄豆50克

/ 制作方法 /

1 把洗净的枸杞、黑芝麻、核桃仁、黄豆倒入豆浆机中。

2 注入适量清水，至水位线即可。

3 盖上豆浆机机头，选择"五谷"程序，再选择"开始"键，开始打浆。

4 待豆浆机运转约15分钟，即成豆浆。

5 将豆浆机断电，取下机头，把煮好的豆浆倒入滤网中，滤取豆浆。

6 过滤好的豆浆倒入碗中，用汤匙撇去浮沫即可。

黄瓜米汤

制作时间 66分钟

/ 材料 /

水发大米120克，黄瓜90克

/ 制作方法 /

1 洗净的黄瓜切成片，再切丝，改切成碎末，备用。

2 砂锅中注入适量清水烧开，倒入洗好的大米，搅拌匀。

3 盖上锅盖，烧开后用小火煮1小时，至其熟软。

4 揭开锅盖，倒入黄瓜，搅拌均匀。

5 再盖上锅盖，用小火续煮5分钟。

6 揭开锅盖，搅拌一会儿，将煮好的米汤盛出，装入碗中即可。

珍珠鲜奶安神养颜饮

制作时间
3 分钟

🖊 口味：甜　　🍳 烹饪方法：煮

/ 材料 /
牛奶50毫升，珍珠粉5克

/ 调料 /
白糖10克

☆温馨提示☆

珍珠粉含有碳酸钙和多种维生素，具有增强免疫力、补钙等功效，还有利于恶露的排出。

/ 制作方法 /

1 锅中注入适量清水烧开，倒入牛奶，搅拌均匀。

2 盖上盖，烧开后用小火煮约2分钟，至散出香味。

3 揭盖，放入白糖，拌煮至溶化；另取一碗，倒入珍珠粉。

4 把煮好的牛奶盛入装有珍珠粉的碗中，拌匀即成。

PART 4

产后第2周，
调理气血是关键

经过前一周的细心调理，进入月子期的第2周，新妈妈的伤口基本上也要愈合了，回家休养让护理和照顾变得更加方便。随着新妈妈胃口的逐渐好转，这时候可开始准备合适的第2周食谱了。本周的重点为收缩内脏和调理气血，以促进子宫与盆腔的复原，同时为产后瘦身做好铺垫。本章将在继续推荐清淡饮食的基础上，增加一些补气养血的菜品，以帮助妈妈们迅速恢复体力。

本周大部分新妈妈都能出院回家了，经过前一周在医院的调养与适应，新妈妈的体力慢慢恢复，腹部已触摸不到子宫了，恶露的颜色也逐渐变浅，乳汁分泌越来越多。此时，应增加一些补养气血、滋阴、补阳气的温和食物来调理身体，以促进乳汁分泌、强健筋骨、润肠通便、收缩子宫。

饮食调理

1.多吃补血食物。经过上一周的精心调理，胃口有了明显的好转，这时新妈妈可以开始多吃补血食物，调理气血。应多吃些富含造血原料、优质蛋白质以及必需的微量元素，如含铁、铜、叶酸和维生素B_2等丰富的食物，如动物肝脏、动物血、鱼、蛋类、豆制品、黑木耳、黑芝麻、红枣以及新鲜的蔬菜、水果。

2.催乳应循序渐进。刚分娩后，胃肠功能尚未恢复，乳腺才开始分泌乳汁，乳腺管还不够通畅，不宜食用大量催乳食品。在烹调中少用煎炸，多食易消化的带汤的炖菜，饮食宜以清淡为主，少食寒凉食物，避免进食麦芽等退乳食物。

3.食量不宜过多。决不能暴饮暴食，过量进食会让新妈妈在孕期体重增加的基础上进一步肥胖，影响产后恢复。若是母乳喂养宝宝，食量最多增加1/5，若是没有奶水，食量和非孕期等同就行。

日常护理

1.注意乳房护理。哺乳期间，乳头会自然分泌一种能够抑制细菌滋生的物质，而使用洁肤品容易导致皮肤干燥，乳头也要避免这样的刺激，只需在洗澡时用清水冲洗即可。此外，产后乳房还不能强力挤压，否则会导致乳房内部软组织挫伤。

2.口腔护理。受激素的影响，妈妈在月子里会牙龈水肿、充血，刷牙时易发生牙龈出血，但不宜因此就不刷牙。因为月子期间餐数多，多吃易形成龋齿，所以还是应坚持天天刷牙，加强口腔护理。

3.避免寒风侵袭。关好门窗，避免对流风，室温及浴室温度最好稳定在26℃～32℃。

红枣乳鸽粥

制作时间 **48** 分钟

🖊 口味：鲜　　🍳 烹饪方法：煮

/ 材料 /

乳鸽块270克 ，水发大米120克，红枣25克，姜片、葱段各少许

/ 调料 /

盐1克，料酒4毫升，老抽、蚝油、食用油各适量

/ 制作方法 /

1 红枣切开，去核，把果肉切成小块。

2 乳鸽块中加入盐、料酒、蚝油、姜片、葱段，腌渍入味。

3 油锅中倒入乳鸽肉，加料酒、老抽炒匀，盛出，拣去葱姜。

4 开水锅中倒入洗好的大米、红枣，煮开后续煮10分钟。

5 倒入炒好的乳鸽，拌匀，用中小火续煮20分钟至熟。

6 搅拌均匀，盛出煮好的汤料即可。

菠菜芹菜粥

制作时间
37分钟

🖊口味: 清淡　　🍴烹饪方法: 煮

/ 材料 /
水发大米140克，菠菜60克，芹菜35克

/ 制作方法 /

1 将洗净的菠菜切成小段；洗好的芹菜切成小丁。

2 砂锅中注入适量清水烧开，放入大米，搅匀，使其散开，烧开后用小火煮约35分钟，至米粒变软。

3 倒入切好的菠菜，拌匀。

4 放入芹菜丁，搅拌均匀，续煮至全部食材熟透；关火后盛出煮好的芹菜粥，装在碗中即成。

陈皮红豆粥

制作时间
61分钟

🖊口味: 清淡　🍴烹饪方法: 煮

/ 材料 /
红豆150克，陈皮10克，大米100克

/ 调料 /
冰糖少许

/ 制作方法 /

1 砂锅中注入适量清水，倒入备好的陈皮、红豆、大米，拌匀。

2 加盖，烧开后转小火煮1小时。

3 揭盖，加入冰糖。

4 拌匀，煮至溶化。

5 关火后盛出煮好的粥，装入碗中，待稍微放凉后即可食用。

花生牛肉粥

制作时间
31 分钟

口味：鲜　　烹饪方法：煮

/ 材料 /

水发大米120克，牛肉50克，花生米40克，姜片、葱花各少许

/ 调料 /

盐、鸡粉各2克

☆ 温馨提示 ☆

牛肉属红肉，含有血红素铁，易被人体吸收，能预防产后出现缺铁性贫血。

/ 制作方法 /

1 牛肉切丁，用刀剁几下。

2 牛肉放入开水锅中，淋入料酒，搅匀，汆去血水，捞出。

3 砂锅中注水烧开，倒入牛肉、姜片、花生米、大米，烧开后用小火煮约30分钟。

4 加盐、鸡粉，搅匀调味，撒上备好的葱花，搅匀，盛出即可。

南瓜糯米燕麦粥

制作时间
46 分钟

🖊 口味：甜　　🍳 烹饪方法：煮

／制作方法／

1 洗净的南瓜切开，去皮，再切成小块，装盘备用。

2 砂锅中注水烧热，倒入燕麦、糯米，再放入南瓜，搅拌均匀。

3 盖上锅盖，烧开后用小火煮约40分钟至食材熟软。

4 揭盖，加白糖，搅拌匀，煮至白糖溶化；关火后盛出即可。

／材料／

水发燕麦120克，水发糯米90克，南瓜80克

／调料／

白糖4克

☆温馨提示☆
- - - - - - - - - - - - - - - -
燕麦能益气补血，有助于提高人体的活动机能，能帮助新妈妈尽快恢复体力。

西蓝花蛤蜊粥

制作时间
35 分钟

口味：清淡　　烹饪方法：煮

/ 材料 /

西蓝花90克，蛤蜊200克，水发大米150克，姜片少许

/ 调料 /

盐、鸡粉各2克，食用油适量

/ 制作方法 /

1 开水锅中倒入洗净的蛤蜊，煮至壳开，捞出。

2 将蛤蜊装入碗中，用清水清洗干净，取出蛤蜊肉。

3 砂锅中注水烧开，倒入泡好的大米，搅拌均匀。

4 盖上盖，用大火烧开后转小火煮30分钟，至大米熟软。

5 揭盖，放入蛤蜊肉、食用油、西蓝花，煮至食材熟透。

6 加盐、鸡粉，搅拌匀，煮至食材入味，盛出装碗即可。

鸡肝面条

制作时间
7分钟

🖊 口味：鲜　　🍳 烹饪方法：煮

/ 材料 /
鸡肝、小白菜各50克，面条60克，蛋液少许

/ 调料 /
盐、鸡粉各2克，食用油适量

/ 制作方法 /
1 小白菜切碎，面条折段；开水锅中放入洗净的鸡肝煮至熟，捞出，放凉后剁碎。
2 开水锅中放入食用油、盐、鸡粉，倒入面条，搅匀，用小火煮5分钟。
3 再放入小白菜、鸡肝，拌匀，煮至沸。
4 倒入蛋液，搅匀，关火后盛出即可。

肉丸子小白菜粉丝汤

制作时间
17分钟

🖊 口味：鲜　　🍳 烹饪方法：煮

/ 材料 /
猪肉末100克，鸡蛋液、粉丝各20克，上海青50克，葱段12克

/ 调料 /
盐2克，水淀粉5毫升，生抽6毫升

/ 制作方法 /
1 上海青去根部，切小段；葱段切成条，再切成末；粉丝装碗，加入开水，稍烫片刻。
2 猪肉末加葱末、鸡蛋液、盐、水淀粉、生抽，腌渍5分钟，再将肉末挤成数个丸子。
3 开水锅中放入肉丸子，煮熟后放入上海青、粉丝，加盐、生抽调味；盛出即可。

青菜豆腐炒肉末

制作时间 5分钟

🔖 口味：鲜　　🍳 烹饪方法：炒

/ 材料 /

豆腐300克，上海青100克，肉末50克，彩椒30克

/ 调料 /

盐、鸡粉各2克，料酒、水淀粉、食用油各适量

☆温馨提示☆

本菜营养丰富、口感爽嫩，适合产后第2周食用。上海青含有粗纤维，有排毒清肠的功效。

/ 制作方法 /

1 豆腐切成丁，彩椒切成块，上海青切小块，备用。

2 锅中注水烧热，倒入豆腐，略煮，去除豆腥味。

3 捞出余煮好的豆腐，装盘待用。

4 用油起锅，倒入肉末，炒至变色，注入适量清水，拌匀。

5 加入料酒，倒入豆腐、上海青、彩椒，炒约3分钟。

6 加入盐、鸡粉、水淀粉，翻炒匀，关火后盛出即可。

芝麻酱拌茼蒿

制作时间
4分钟

🏷 口味：清淡　　🍳 烹饪方法：拌

/ 材料 /
茼蒿180克，彩椒45克

/ 调料 /
芝麻酱15克，盐、食用油各适量

/ 制作方法 /

1 洗净的彩椒切丝。

2 锅中注水烧开，淋入适量食用油，倒入切好的彩椒、茼蒿，煮半分钟，捞出。

3 将焯过水的食材装入碗中，放入芝麻酱，加入少许盐。

4 用筷子搅拌，至食材入味，将拌好的食材装入盘中即可。

佛手瓜炒肉片

制作时间
15 分钟

🖌 口味：鲜　　🍳 烹饪方法：炒

/ 材料 /

佛手瓜120克，猪瘦肉80克，红椒30克，姜片、蒜末、葱段各少许

/ 调料 /

盐3克，鸡粉2克，食粉少许，生粉7克，生抽3毫升，水淀粉、食用油各适量

☆温馨提示☆

此菜有益气、补血的功效。瘦肉含有丰富的蛋白质和铁，非常适合产后贫血的新妈妈食用。

/ 制作方法 /

1 佛手瓜切片；猪瘦肉切片；红椒去籽，再切成小块。

2 肉片装碗，加盐、食粉、生粉、食用油，腌渍入味。

3 用油起锅，倒入肉片，炒至变色，加生抽，炒透后盛出。

4 用油起锅，放入姜片、蒜末、葱段、佛手瓜，炒至变软。

5 加盐、鸡粉、清水，炒至熟，再倒入炒好的肉片，炒匀。

6 撒上红椒块，用水淀粉勾芡，盛入盘中即成。

双菇炒鸭血

制作时间
3分钟

口味：鲜　　烹饪方法：炒

/ 材料 /

鸭血150克，口蘑70克，草菇60克，姜片、蒜末、葱段各少许

/ 调料 /

盐3克，鸡粉2克，料酒4毫升，生抽5毫升，水淀粉、食用油各适量

/ 制作方法 /

1 草菇切小块；口蘑切粗丝；鸭血切小块。
2 开水锅中加盐，将草菇、口蘑焯水后捞出。
3 用油起锅，爆香姜、蒜、葱，放入草菇、口蘑，淋入料酒、生抽，倒入鸭血，注入清水，加盐、鸡粉、水淀粉调味，盛出即可。

猪肝熘丝瓜

制作时间
13分钟

口味：鲜　　烹饪方法：炒

/ 材料 /

丝瓜100克，猪肝150克，红椒25克，姜片、蒜末、葱段各少许

/ 调料 /

盐、鸡粉、生抽、料酒、水淀粉、食用油各适量

/ 制作方法 /

1 丝瓜切块；红椒切成片；猪肝切薄片，装碗，用盐、鸡粉、料酒、水淀粉腌渍入味。
2 将猪肝片汆水后捞出，沥干，放在盘中。
3 用油起锅，爆香姜、蒜，倒入猪肝、丝瓜、红椒，加入料酒、生抽、盐、鸡粉、水淀粉调味，撒上葱段，炒至熟；盛出即成。

青豆烧冬瓜鸡丁

制作时间 **14** 分钟

🖋 口味：鲜　　🍳 烹饪方法：炒

／材料／

冬瓜230克，鸡胸肉200克，青豆180克

／调料／

盐3克，鸡粉2克，料酒5毫升，水淀粉、食用油各适量

／制作方法／

1 冬瓜小丁块，鸡胸肉切丁。

2 鸡肉丁中加盐、鸡粉、水淀粉、食用油，腌渍约10分钟。

3 开水锅中加盐、食用油，倒入青豆、冬瓜，略煮，捞出。

4 用油起锅，放入腌渍好的鸡肉丁，炒至肉质松散。

5 淋入料酒，炒匀，倒入焯煮过的青豆和冬瓜，炒匀。

6 加鸡粉、盐、水淀粉，炒至食材熟透，盛出装盘即可。

木耳炒上海青

制作时间 **5** 分钟

口味：清淡　　烹饪方法：炒

/ 材料 /

上海青150克，木耳40克，蒜末少许

/ 调料 /

盐3克，鸡粉2克，料酒3毫升，水淀粉、食用油各适量

/ 制作方法 /

1 将洗净的木耳切成小块。

2 锅中注水烧开，放入木耳，加入少许盐，搅拌均匀。

3 煮1分钟，把焯好的木耳捞出，待用。

4 用油起锅，放入蒜末、上海青，炒熟，放入木耳，炒匀。

5 加入适量盐、鸡粉，淋入料酒，炒匀调味。

6 倒入适量水淀粉，快速拌炒匀；盛出，装入盘中即可。

青豆烧茄子

制作时间
8 分钟

🔖 口味：清淡　🍳 烹饪方法：炒

/ 材料 /
青豆、茄子各200克，蒜末、葱段各少许

/ 调料 /
盐3克，鸡粉2克，生抽6毫升，水淀粉、食用油各适量

/ 制作方法 /

1 洗净的茄子切小丁块，备用。

2 开水锅中加入盐、食用油、青豆，煮1分钟，捞出沥干。

3 热锅注油，倒入茄子丁，炸至其色泽微黄，捞出，沥干。

4 锅底留油，放入蒜末、葱段，爆香。

5 倒入焯过水的青豆，再放入炸好的茄子丁，快速炒匀。

6 加盐、鸡粉，淋入生抽、水淀粉，炒至熟软，盛出即可。

西芹炒肉丝

制作时间 12 分钟

🖊 口味：鲜　　🍳 烹饪方法：炒

／ 材料 ／

猪肉240克，西芹90克，彩椒20克，胡萝卜片少许

／ 调料 ／

盐、鸡粉、水淀粉、料酒、食用油各适量

／ 制作方法 ／

1️⃣ 胡萝卜、西芹切条形，彩椒、猪肉切丝。
2️⃣ 肉丝用盐、料酒、水淀粉、食用油腌渍。
3️⃣ 开水锅中加入食用油、盐，倒入胡萝卜、西芹、彩椒，搅匀，煮至断生，捞出沥干。
4️⃣ 用油起锅，倒入肉丝、焯过水的食材，加盐、鸡粉、水淀粉，炒匀，盛出即可。

茄汁豆角焖鸡丁

制作时间 15 分钟

🖊 口味：鲜　　🍳 烹饪方法：炒

／ 材料 ／

鸡胸肉270克，豆角180克，西红柿50克，蒜末、葱段各少许

／ 调料 ／

盐、白糖各3克，鸡粉1克，番茄酱7克，水淀粉、食用油各适量

／ 制作方法 ／

1️⃣ 豆角切小段，西红柿、鸡胸肉切丁。
2️⃣ 鸡肉用盐、鸡粉、水淀粉、食用油腌渍。
3️⃣ 开水锅中加油、盐，将豆角焯水后捞出。
4️⃣ 用油起锅，倒入鸡肉、蒜、葱、豆角、西红柿，炒至变软，加番茄酱、白糖、盐，炒匀。
5️⃣ 倒入水淀粉，炒匀，盛出即可。

水煮猪肝

制作时间
3分钟

🖋 口味：辣　　🍳 烹饪方法：煮

/ 材料 /

猪肝300克，白菜200克，姜片、葱段、蒜末各少许

/ 调料 /

盐、鸡粉各3克，料酒、生抽各4毫升，水淀粉8毫升，豆瓣酱15克，辣椒油7毫升，花椒油3毫升，食用油适量

☆温馨提示☆

猪肝中铁含量丰富，产后新妈妈适量食用猪肝可调节和改善机体造血系统的生理功能。

/ 制作方法 /

1 白菜切丝；猪肝切片，加盐、鸡粉、料酒、水淀粉，腌渍。

2 开水锅中加入油、盐、鸡粉、白菜，略煮，捞出。

3 用油起锅，倒入姜片、葱段、蒜末，放入豆瓣酱，炒散。

4 倒入腌渍好的猪肝片，炒至变色，淋入料酒，炒匀。

5 注水，加入生抽、盐、鸡粉、辣椒油、花椒油，拌匀。

6 淋入水淀粉，搅匀，关火后盛入盘中即成。

韭菜炒猪血

🥄 口味：鲜　　🍴 烹饪方法：炒

/ 制作方法 /

❶ 韭菜切段，彩椒切粒，猪血切小块。

❷ 开水锅中加盐，倒入猪血块，煮1分钟，至五成熟，捞出，沥干水分，待用。

❸ 用油起锅，放入姜片、蒜末，加入彩椒、韭菜段，略炒，加入适量沙茶酱，炒匀。

❹ 倒入猪血，注入清水，加盐、鸡粉、水淀粉，炒匀，盛出即成。

/ 材料 /

韭菜150克，猪血200克，彩椒70克，姜片、蒜末各少许

/ 调料 /

盐4克，鸡粉2克，沙茶酱15克，水淀粉8毫升，食用油适量

☆温馨提示☆
- - - - - - - - - - - - - - - - -
猪血富含铁元素，且易消化吸收，新妈妈常食可预防缺铁性贫血。

圣女果芦笋鸡柳

制作时间 **13** 分钟

🖊 口味：鲜　　🍳 烹饪方法：炒

/ 材料 /

鸡胸肉220克，芦笋100克，圣女果40克，葱段少许

/ 调料 /

盐3克，鸡粉少许，料酒6毫升，水淀粉、食用油各适量

/ 制作方法 /

1 芦笋用斜刀切长段，圣女果对半切开，鸡胸肉切条形。

2 把鸡肉装碗，加入盐、水淀粉、料酒，搅匀，腌渍入味。

3 热锅注油，放入鸡肉、芦笋，炸至断生后捞出，沥干油。

4 用油起锅，放入葱段、鸡肉、芦笋，炒匀，放入圣女果。

5 翻炒匀，加入少许盐、鸡粉，淋入适量料酒，炒匀调味。

6 再用水淀粉勾芡；关火后盛出炒好的菜肴，装入盘中即成。

橄榄油芝麻苋菜

制作时间
2分钟

🖊 口味：清淡　　🍳 烹饪方法：煮

/ 材料 /
苋菜200克，高汤250毫升，熟白芝麻、蒜片各少许

/ 调料 /
盐2克，橄榄油少许

/ 制作方法 /
1️⃣ 砂锅中注水烧开，倒入苋菜，拌匀，煮至变软，捞出，沥干水分，装入碗中，待用。

2️⃣ 锅置火上，倒入橄榄油、蒜片，爆香。

3️⃣ 注入高汤，略煮，加入盐，煮至沸腾。

4️⃣ 撒上白芝麻，拌匀，调成味汁；关火后盛出味汁，浇在苋菜上即可。

蘑菇竹笋豆腐

制作时间
3分钟

🖊 口味：清淡　　🍳 烹饪方法：炒

/ 材料 /
豆腐400克，竹笋50克，口蘑60克，葱花少许

/ 调料 /
盐少许，水淀粉4毫升，鸡粉2克，生抽、老抽、食用油各适量

/ 制作方法 /
1️⃣ 豆腐切块，口蘑切成丁，竹笋切成丁。

2️⃣ 锅中注水烧开，放盐，倒入口蘑、竹笋，煮1分钟，放入豆腐，略煮，捞出，沥干。

3️⃣ 锅中注油烧热，放入焯过水的食材，加入清水，放入盐、鸡粉、生抽，炒匀。

4️⃣ 加入老抽，炒匀，装盘，撒上葱花即可。

蚝油茼蒿

制作时间
3 分钟

🏷 口味：清淡　🍳 烹饪方法：炒

/ 材料 /

茼蒿300克

/ 调料 /

盐、鸡粉各少许，蚝油30克，水淀粉4毫升，食用油适量

/ 制作方法 /

1 锅中注入适量食用油烧热，倒入洗净的茼蒿，翻炒片刻，至其变软。

2 放入蚝油，加入少许盐、鸡粉，炒至茼蒿入味。

3 淋入适量水淀粉，快速翻炒均匀。

4 关火，盛出炒好的食材，装盘即成。

茭白烧黄豆

制作时间

5 分钟

🍴 口味: 清淡　　🍳 烹饪方法: 炒

/ 制作方法 /

1 茭白、彩椒切丁；开水锅中加入盐、鸡粉、适量食用油。

2 放入茭白、彩椒、黄豆，搅匀，煮至断生，捞出，沥干。

3 锅中注油烧热，加入蒜末、焯过水的食材、蚝油、鸡粉、盐。

4 加入清水，淋入水淀粉、芝麻油，撒上葱花，炒匀，盛出即成。

/ 材料 /

茭白180克，彩椒45克，水发黄豆200克，蒜末、葱花各少许

/ 调料 /

盐、鸡粉各3克，蚝油10克，水淀粉4毫升，芝麻油2毫升，食用油适量

☆温馨提示☆

- - - - - - - - - - - - - - - - - -

茭白中的豆甾醇能清除体内活性氧，使皮肤润滑细腻，消除色斑。另外，茭白还能催乳。

木耳炒百合

制作时间
5 分钟

口味：清淡　　烹饪方法：炒

材料

水发木耳50克，鲜百合40克，胡萝卜70克，姜片、蒜末、葱段各少许

调料

盐3克，鸡粉2克，料酒3毫升，生抽4毫升，水淀粉、食用油各适量

制作方法

1 胡萝卜切片，木耳切小块。

2 开水锅中，加盐，放入切好的胡萝卜和木耳。

3 淋入少许食用油，搅匀，煮约1分钟，捞出，沥干。

4 用油起锅，放入姜片、蒜末、葱段，大火爆香。

5 倒入百合，淋入料酒，倒入焯过的食材，炒至食材熟透。

6 加入盐、鸡粉，淋入生抽、水淀粉，炒至入味，盛出即成。

菠菜炒鸡蛋

制作时间
2分钟

🏷 口味：清淡　　🍳 烹饪方法：炒

/ 材料 /
菠菜65克，鸡蛋2个，彩椒10克

/ 调料 /
盐、鸡粉各2克，食用油适量

/ 制作方法 /

1 彩椒去籽，切丁，菠菜切粒。

2 鸡蛋打入碗中，加入适量盐、鸡粉，搅匀打散，制成蛋液，待用。

3 用油起锅，倒入蛋液，翻炒均匀，加入彩椒，翻炒匀。

4 倒入菠菜粒，炒至食材熟软；关火后盛出炒好的菜肴，装入盘中即可。

裙带菜鸭血汤

制作时间 4分钟

🖊 口味：鲜　🍳 烹饪方法：煮

/ 材料 /
鸭血180克，圣女果40克，裙带菜50克，姜末、葱花各少许

/ 调料 /
鸡粉、盐各2克，胡椒粉少许，食用油适量

/ 制作方法 /
1️⃣ 圣女果、鸭血切小块，裙带菜切成丝。
2️⃣ 开水锅中倒入鸭血块，去血渍，捞出。
3️⃣ 用油起锅，放入姜末、圣女果，翻炒匀。
4️⃣ 撒上裙带菜丝，煮至析出水分，注水。
5️⃣ 加鸡粉、盐，煮至沸腾，倒入鸭血，撒上胡椒粉，煮至熟透，装碗，撒上葱花即成。

冬瓜虾米汤

制作时间 6分钟

🖊 口味：鲜　🍳 烹饪方法：煮

/ 材料 /
冬瓜400克，虾米40克，姜片、葱花各少许

/ 调料 /
盐2克，鸡粉3克，胡椒粉、食用油各适量

/ 制作方法 /
1️⃣ 洗净去皮的冬瓜切成条。
2️⃣ 用油起锅，放入姜片、虾米，炒香，淋入料酒，炒匀提鲜，倒入清水，煮至沸。
3️⃣ 放入切好的冬瓜，搅拌匀；盖上盖，用大火煮2分钟，至食材熟透。
4️⃣ 揭开盖，放入适量盐、鸡粉、胡椒粉，搅匀调味。
5️⃣ 盛出煮好的汤料，装入碗中即可。

冬瓜黄豆淮山排骨汤

制作时间
122 分钟

🖊 口味：清淡　　🥄 烹饪方法：煮

/ 制作方法 /

1 洗净的冬瓜切块，备用。

2 锅中注水烧开，倒入排骨块，汆煮片刻，捞出，沥干待用。

3 砂锅中注水，倒入排骨、冬瓜、黄豆、白扁豆、姜片、淮山、党参。

4 煮至析出有效成分，加入盐，搅拌至入味；盛出装碗即成。

/ 材料 /

冬瓜250克，排骨块300克，水发黄豆、水发白扁豆各100克，党参30克，淮山20克，姜片少许

/ 调料 /

盐2克

☆ 温馨提示 ☆

冬瓜含有较多的维生素C，而且钾含量高，可以帮助口味重的新妈妈减少钠盐的摄入量。

双菇蛤蜊汤

制作时间
4 分钟

口味：鲜　　烹饪方法：煮

/ 材料 /

蛤蜊150克，白玉菇、香菇块各100克，姜片、葱花各少许

/ 调料 /

鸡粉、盐、胡椒粉各2克

☆温馨提示☆

蛤蜊富含不饱和脂肪酸，能促进新妈妈的乳汁分泌，间接为婴儿提供丰富的营养。

/ 制作方法 /

❶ 锅中注入适量清水烧开，倒入洗净切好的白玉菇、香菇。

❷ 倒入备好的蛤蜊、姜片，搅拌均匀，盖上盖，煮约2分钟。

❸ 揭开盖，放入鸡粉、盐、胡椒粉，拌匀调味。

❹ 关火后盛出煮好的汤料，装入碗中，撒上葱花即可。

西红柿紫菜蛋花汤

口味：鲜　　烹饪方法：煮

/ 材料 /
西红柿100克，鸡蛋1个，水发紫菜50克，葱花少许

/ 调料 /
盐、鸡粉各2克，胡椒粉、食用油各适量

/ 制作方法 /
1. 西红柿切小块，鸡蛋打入碗中，打散、搅匀；用油起锅，倒入西红柿，翻炒片刻。
2. 加入适量清水，煮沸后转中火煮1分钟。
3. 放入紫菜，加鸡粉、盐、胡椒粉，搅匀。
4. 倒入蛋液，搅散，搅动至浮起蛋花。
5. 盛出蛋汤，装入碗中，撒上葱花即可。

莴笋猪血豆腐汤

口味：鲜　　烹饪方法：煮

/ 材料 /
莴笋100克，胡萝卜90克，猪血150克，豆腐200克，姜片、葱花各少许

/ 调料 /
盐、鸡粉、胡椒粉、芝麻油、食用油各适量

/ 制作方法 /
1. 胡萝卜、莴笋切片，豆腐、猪血切小块。
2. 用油起锅，放入姜片，爆香，注水烧开，加入盐、鸡粉，放入莴笋、胡萝卜，拌匀。
3. 倒入豆腐块、猪血，煮至食材熟透，加入胡椒粉、芝麻油，略煮至食材入味。
4. 盛出汤料，装入汤碗中，撒上葱花即可。

清炖猪腰汤

制作时间
62 分钟

🖊 口味：鲜　　🍳 烹饪方法：蒸

／材料／
猪腰130克，红枣8克，枸杞、姜片各少许

／调料／
盐、鸡粉各少许，料酒4毫升

／制作方法／

1 将处理干净的猪腰切上花刀，再切薄片，备用。

2 锅中注水烧热，放入猪腰，淋入料酒，煮至变色，捞出。

3 放入炖盅中，倒入红枣、枸杞和姜片。

4 注入适量开水，淋入料酒，静置片刻，待用。

5 蒸锅上火烧开，放入备好的炖盅，用小火炖约1小时。

6 将炖盅的盖子取下，加盐、鸡粉，搅拌至食材入味即可。

牛肉南瓜汤

制作时间
13 分钟

口味：鲜　　烹饪方法：煮

/ 材料 /

牛肉120克，南瓜95克，胡萝卜70克，洋葱50克，牛奶100毫升，高汤800毫升

/ 调料 /

黄油少许

/ 制作方法 /

1 洋葱、胡萝卜切粒状；南瓜切小丁块；牛肉去除肉筋，切丝，改切成粒。

2 煎锅置于火上，倒入黄油，拌匀，至其溶化。

3 倒入牛肉，炒至变色，放入备好的洋葱、南瓜、胡萝卜，炒至变软。

4 加入牛奶，倒入高汤，搅匀，用中火煮至食材入味，关火后盛出南瓜汤即可。

猪肝豆腐汤

制作时间
7分钟

口味：鲜　　烹饪方法：煮

材料
猪肝100克，豆腐150克，葱花、姜片各少许

调料
盐2克，生粉3克

☆温馨提示☆

猪肝中有较多的毒素，在烹饪前可以用清水浸泡1小时，以去除其毒素。

制作方法

1 锅中注入适量清水烧开，倒入洗净切块的豆腐，拌煮至断生。

2 放入切好并用生粉腌渍的猪肝，撒入姜片、葱花，煮至沸。

3 加少许盐，拌匀调味，用小火煮约5分钟，至汤汁收浓。

4 关火后盛出煮好的汤料，装入碗中即可。

脱脂奶红豆汤

口味：甜　　烹饪方法：煮

材料
水发红豆200克，红枣5克，脱脂牛奶250毫升

调料
白糖少许

制作方法
1. 洗净的红枣切开，去核，备用。
2. 砂锅中注水，倒入洗好的红豆，拌匀。
3. 盖上盖，煮30分钟至其熟软。
4. 揭盖，倒入红枣，拌匀，煮5分钟。
5. 加入脱脂牛奶，用小火煮至沸。
6. 加入白糖，拌匀，煮至糖分溶化；盛出煮好的甜汤，装入碗中即可。

紫薯银耳羹

口味：甜　　烹饪方法：煮

材料
紫薯55克，红薯45克，水发银耳120克

制作方法
1. 紫薯、红薯切丁，银耳撕成小朵，备用。
2. 砂锅中注水烧热，倒入红薯丁、紫薯丁，搅匀。
3. 烧开后用小火煮约20分钟，至食材变软。
4. 加入备好的银耳，搅散，用小火续煮约10分钟，至食材熟透。
5. 盛出煮好的银耳羹，装入碗中，待稍微冷却后即可食用。

柠檬黄豆豆浆

制作时间
16 分钟

口味：酸甜　　烹饪方法：煮

/ 材料 /

水发黄豆60克，柠檬30克

/ 制作方法 /

1 将已浸泡8小时的黄豆倒入碗中，注入清水，搓洗干净，倒入滤网中，沥干。

2 将备好的黄豆、柠檬倒入豆浆机中，注入适量清水，至水位线即可。

3 选择"五谷"程序，再选择"开始"键，开始打浆，待豆浆机运转约15分钟，即成豆浆。

4 将豆浆机断电，取下机头，把煮好的豆浆倒入滤网中，滤取豆浆；将滤好的豆浆倒入碗中即可。

花生红枣豆浆

制作时间 16 分钟

🥄 口味：甜 　　☕ 烹饪方法：煮

/ 材料 /
水发黄豆100克，水发花生米120克，红枣20克

/ 调料 /
白糖少许

/ 制作方法 /

1 洗净的红枣去核，取果肉切小块。

2 取备好的豆浆机，倒入浸泡好的花生米和黄豆。

3 放入切好的红枣，撒上少许白糖，注入适量的清水，至水位线即可。

4 选择"五谷"程序，制取豆浆，断电后倒出煮好的豆浆，装碗即成。

百合豆浆

制作时间 17分钟

口味：甜　　烹饪方法：煮

/ 材料 /
百合8克，水发黄豆70克

/ 调料 /
白糖适量

/ 制作方法 /
1 将黄豆倒入碗中，加入清水，搓洗干净，把黄豆倒入滤网中，沥干水分。
2 取豆浆机，倒入黄豆、百合，注水至水位线即可，选择"五谷"程序，开始打浆。
3 待豆浆机运转约15分钟，即成豆浆。
4 断电后把豆浆倒入滤网中滤取豆浆，再倒入杯中，放入白糖，搅拌至糖分溶化即成。

芝麻桑葚奶

制作时间 37分钟

口味：甜　　烹饪方法：煮

/ 材料 /
桑葚干10克，黑芝麻20克，牛奶300毫升

/ 调料 /
冰糖20克

/ 制作方法 /
1 砂锅中注水烧开，倒入黑芝麻，拌匀，盖上盖，用大火煮开后转小火续煮15分钟至熟。
2 揭盖，加入桑葚干，倒入冰糖，拌煮至冰糖溶化，加入牛奶拌匀，盖上盖，用小火续煮10分钟至食材入味。
3 揭盖，搅拌一下，关火后盛出煮好的甜汤，装碗即可。

PART 5

产后第3周，
滋补泌乳两不误

经过第1周的"排泄"和第2周的"收缩"，新妈妈身体的不适感正逐渐减轻，无论是身体还是精神较前两周都会轻松很多。因此，从第3周起，新妈妈们要开始吃一些补充体力的滋补调养食物，并进行催奶了。此外，高蛋白食物和新鲜蔬果也要适量摄入。本章将重点为妈妈们推荐一些如鲜奶猪蹄汤、冬瓜鲜菇鸡汤等具有催奶、安神、提高免疫力等功效的滋补菜品。

进入第3周，产妇的生活已经规律很多，身体的不适感也较前两周少，大多伤口开始愈合，能够自己动手给宝宝洗澡、换尿布了。这时候可不要再一直躺在床上，要开始做一些力所能及的事情，使身体慢慢习惯以后的正常生活。而且，这一阶段也是培养妈妈与宝宝感情的关键期，要多多跟宝宝交流，随着宝宝一起快乐成长。

饮食调理

1.适当补钙。哺乳期妈妈丢失的钙较多，所以要多从外界摄取足量的钙，如在饮食中多添加牛奶、骨头汤等含钙丰富的食物及海鱼、蛋等含维生素D丰富的食物，还可根据实际情况适当补充含钙制剂。

2.多吃补养品进行催乳。到第3周，宝宝的食量增加，若奶水不足就会影响宝宝的生长，所以宜进食品种丰富、营养全面的催奶食物，如鲫鱼汤、猪蹄汤、排骨汤等。

3.避免食用退奶食物。如韭菜、麦芽、大麦茶、人参、竹笋、薄荷等都是易导致退奶的食材。

4.避免食用有刺激性的食物。这一阶段，食用有刺激性的食物，不但影响自身的健康，还会使宝宝身体不适。如食用寒凉性的食物，会造成宝宝腹泻；过量食用燥热性的食物，会引发妈妈患上乳腺炎、尿道炎等。

日常护理

1.进入月子第3周，要特别注意来自外界对乳房的压力。任何持久性的压力都会阻碍乳汁流通，导致乳房发炎或疼痛，如过紧或支撑力不够的胸罩、趴着睡觉、抱带婴儿、婴儿躺在妈妈身上休息、喂奶时压住乳房等。

2.这周，产妇开始洗澡、洗头，但是产妇在洗澡的时候，要使浴室暖和、避风，室温要保持在20℃，水温宜保持在37℃～40℃，沐浴后要避免着凉或被风吹。洗头的时候不宜使用刺激性较大的洗发水，洗后要立即用吹风机吹干；且最好使用木梳梳理头发，以免静电刺激头皮。

3.哺乳前热敷乳房，并可以做一些轻柔按摩，用手由四周向乳头方向轻轻按摩，以促进乳汁分泌畅通。

红豆薏米饭

制作时间
31 分钟

🥄 口味：清淡　🍳 烹饪方法：煮

/ 材料 /

水发红豆100克，水发糙米、水发薏米各90克

☆温馨提示☆

本品中含有丰富的铁及膳食纤维，妇女产后常食，能补血活血、健脾益胃、促进消化。

/ 制作方法 /

1 把洗好的糙米装入碗中。

2 放入洗净的薏米、红豆，搅拌匀，在碗中注入适量清水。

3 将装有食材的碗放入烧开的蒸锅中。

4 加盖，用中火蒸至食材熟透；揭盖，取出蒸好的红豆薏米饭即可。

绿豆糯米粥

制作时间
32 分钟

◆ 口味：清淡　　🔥 烹饪方法：煮

/ 制作方法 /

1 砂锅中注入适量清水，倒入绿豆、糯米，拌匀。

2 加盖，大火煮开后转小火煮30分钟至食材熟软。

3 揭盖，加入盐，搅拌均匀。

4 放入香菜叶，拌匀；关火后盛出煮好的粥，装入碗中即可。

/ 材料 /

水发糯米230克，绿豆80克，香菜叶少许

/ 调料 /

盐2克

☆温馨提示☆

此粥品能改善胃肠下垂的状况，预防便秘，也可改善产后新妈妈气虚造成的多汗现象。

丝瓜排骨粥

制作时间 65 分钟

🖊 口味：鲜　☕ 烹饪方法：煮

／ 材料 ／

猪骨、大米各200克，丝瓜100克，虾仁15克，水发香菇5克，姜片少许

／ 调料 ／

料酒8毫升，盐、鸡粉、胡椒粉各2克

／ 制作方法 ／

1 去皮的丝瓜切滚刀块，香菇切成丁。

2 锅中注水烧开，倒入猪骨、料酒，汆去血水，捞出；砂锅中注水烧热，倒入猪骨。

3 放入姜片、大米、香菇，烧开后续煮45分钟；倒入虾仁，续煮15分钟；倒入丝瓜，加盐、鸡粉、胡椒粉，拌至食材入味，盛出。

鲫鱼薏米粥

制作时间 47 分钟

🖊 口味：鲜　☕ 烹饪方法：煮

／ 材料 ／

鲫鱼400克，薏米100克，大米200克，枸杞、葱花各少许

／ 调料 ／

盐、鸡粉各2克，料酒、芝麻油各适量

／ 制作方法 ／

1 处理干净的鲫鱼切成大段，备用。

2 砂锅中注入适量清水烧热，倒入薏米、大米，放入鲫鱼，拌匀，大火煮开后转小火。

3 续煮至食材熟透，加入料酒，拌匀，略煮，去除腥味，放入枸杞，续煮至熟软。

4 加盐、鸡粉、芝麻油；关火后盛出即可。

小米鸡蛋粥

制作时间 23分钟

🖊 口味：清鲜　🍴 烹饪方法：煮

/ 材料 /
小米300克，鸡蛋40克

/ 调料 /
盐、食用油各适量

/ 制作方法 /
1 砂锅中注入适量清水，用大火烧热。
2 倒入备好的小米，搅拌片刻。
3 盖上锅盖，大火烧开后转小火煮20分钟至小米熟软。
4 掀开锅盖，加入少许盐、食用油，搅匀调味；打入鸡蛋，小火煮2分钟；关火，将煮好的粥盛出，装入碗中即可。

杂菇小米粥

制作时间 45分钟

🖊 口味：鲜　🍴 烹饪方法：煮

/ 材料 /
平菇50克，香菇（干）20克，小米80克

/ 调料 /
盐、鸡粉各2克，食用油5毫升

/ 制作方法 /
1 砂锅中注水烧开，倒入泡好的小米，加入食用油，拌匀；盖上盖，用大火煮开后转小火续煮30分钟至小米熟软。
2 揭盖，倒入洗净切好的平菇，放入洗好切好的香菇，拌匀；盖上盖，用大火煮开后转小火续煮10分钟至食材熟软；揭盖，加入盐、鸡粉，拌匀；关火后盛出即可。

红豆黑米粥

制作时间
67 分钟

🖊 口味：甜　🔥 烹饪方法：煮

/ 材料 /
黑米100克，红豆50克

/ 调料 /
冰糖20克

/ 制作方法 /

1 砂锅中注入适量清水烧开。

2 倒入洗净的红豆和黑米，搅散、拌匀。

3 盖上盖，烧开后转小火煮约65分钟，至食材熟软。

4 揭盖，加入少许冰糖，搅拌匀，用中火煮至溶化；关火后盛出，装在碗中即可。

丝瓜烧豆腐

制作时间 5分钟

🏷 口味：清淡　　🍳 烹饪方法：炒

/ 材料 /

豆腐200克，丝瓜130克，蒜末、葱花各少许

/ 调料 /

盐3克，鸡粉2克，老抽2毫升，生抽5毫升，水淀粉、食用油各适量

/ 制作方法 /

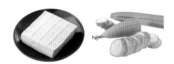

1 丝瓜对半切开，切小块；豆腐切开，再切成小方块。

2 锅中注水烧开，加盐、豆腐块，煮约半分钟，捞出豆腐。

3 用油起锅，放入蒜末，爆香，倒入切好的丝瓜块，翻炒匀。

4 注入适量清水，倒入豆腐块，加盐、鸡粉、生抽，煮沸。

5 再倒入老抽，拌匀上色，续煮约1分钟，至熟透、入味。

6 加水淀粉，炒至汤汁收浓，关火后盛出，撒上葱花即成。

松仁丝瓜

制作时间
5分钟

🖊 口味：清淡　　🍲 烹饪方法：炒

/ 材料 /

松仁20克，丝瓜块90克，胡萝卜片30克，姜末、蒜末各少许

/ 调料 /

盐3克，鸡粉2克，水淀粉10毫升，食用油5毫升

☆温馨提示☆
- - - - - - - - - - - - - - - -
本品富含维生素E、B族维生素等成分，是新妈妈健脑美容、增强抗病能力的理想佳肴。

/ 制作方法 /

1 砂锅中注水烧开，加食用油，倒入胡萝卜片、丝瓜块，焯至断生，捞出。

2 用油起锅，倒入松仁，翻炒片刻，关火，捞出，沥干油。

3 锅底留油，放姜、蒜，爆香，倒入胡萝卜片、丝瓜块，炒匀。

4 加入盐、鸡粉、水淀粉，翻炒至入味，盛出，装盘即可。

奶汁冬瓜条

制作时间 3分钟

🖊 口味：清淡　🍲 烹饪方法：煮

/ 材料 /

牛奶150毫升，冬瓜500克，高汤300毫升

/ 调料 /

盐2克，鸡粉3克，水淀粉、食用油各适量

/ 制作方法 /

1️⃣ 洗净去皮的冬瓜切片，改切成条，备用。

2️⃣ 用油起锅，倒入冬瓜条，略煎片刻，盛出冬瓜条，沥干油，装盘备用。

3️⃣ 锅置火上，倒入高汤、冬瓜，加入盐、鸡粉，拌匀，倒入牛奶。

4️⃣ 用水淀粉勾芡，关火后盛出锅中的食材，装入盘中即成。

炒黄花菜

制作时间 3分钟

🖊 口味：清淡　🍲 烹饪方法：炒

/ 材料 /

水发黄花菜200克，彩椒70克，蒜末、葱段各适量

/ 调料 /

盐3克，鸡粉2克，料酒8毫升，水淀粉4毫升，食用油适量

/ 制作方法 /

1️⃣ 彩椒切成条，黄花菜切去花蒂。

2️⃣ 开水锅中放入黄花菜、盐，煮沸后捞出。

3️⃣ 用油起锅，放入蒜末、彩椒，略炒。

4️⃣ 倒入黄花菜，加入料酒、盐、鸡粉、葱段、水淀粉，翻炒均匀；关火后盛出即成。

西芹黄花菜炒肉丝

制作时间 **4分钟**

🖋 口味：鲜　🔥 烹饪方法：炒

／材料／

西芹、水发黄花菜各80克，彩椒60克，瘦肉200克，蒜末、葱段各少许

／调料／

盐、鸡粉各3克，生抽、水淀粉各5毫升，食用油适量

／制作方法／

1 黄花菜切去花蒂；洗净的彩椒、西芹切成丝。

2 瘦肉切丝，加入盐、鸡粉、水淀粉、食用油，腌渍入味。

3 锅中注水烧开，放入黄花菜，煮半分钟，捞出。

4 用油起锅，放入蒜末，爆香，倒入肉丝，炒至肉丝变色。

5 放入西芹、黄花菜、彩椒，炒匀，加盐、鸡粉，调味。

6 淋入生抽，放入葱段，炒至断生，关火后盛出装盘即可。

丝瓜炒山药

制作时间 **5**分钟

🧂 口味：清淡　　🍳 烹饪方法：炒

/ 材料 /

丝瓜120克，山药100克，枸杞10克，蒜末、葱段各少许

/ 调料 /

盐3克，鸡粉2克，水淀粉5毫升，食用油适量

/ 制作方法 /

1 丝瓜对半切开，切成条形，再切成小块；山药切成片。

2 开水锅中加入食用油、盐，倒入山药片、枸杞，略煮。

3 再倒入丝瓜，煮约半分钟，至食材断生，捞出，沥干。

4 用油起锅，爆香蒜末、葱段，倒入焯过水的食材，翻炒匀。

5 加入少许鸡粉、盐，炒匀调味。

6 淋入适量水淀粉，快炒至食材熟透；关火后盛出即成。

木耳黄花菜炒肉丝

制作时间
5分钟

🧂 口味：鲜　🍲 烹饪方法：炒

/ 材料 /
水发木耳100克，水发黄花菜130克，猪瘦肉95克，彩椒20克

/ 调料 /
盐、鸡粉各2克，生抽3毫升，料酒5毫升，水淀粉、食用油各适量

/ 制作方法 /
1 猪瘦肉切细丝，用盐、水淀粉腌至入味。
2 开水锅中将黄花菜、木耳、彩椒焯水后捞出。
3 用油起锅，倒入肉丝，炒至变色。
4 加料酒，炒香，再倒入焯过水的材料，加入盐、鸡粉、生抽、水淀粉调味，盛出即可。

蚝油丝瓜

制作时间
2分钟

🧂 口味：鲜　🍲 烹饪方法：煮

/ 材料 /
丝瓜200克，彩椒50克，姜片、蒜末、葱段各少许

/ 调料 /
盐、鸡粉各2克，蚝油6克，水淀粉、食用油各适量

/ 制作方法 /
1 丝瓜切小块；彩椒去籽，切小块。
2 热锅注油，放入姜、蒜、葱爆香，倒入彩椒、丝瓜，翻炒均匀，放入少许清水，翻炒至食材熟软，加盐、鸡粉、蚝油，炒匀。
3 大火收汁，加水淀粉炒匀，盛出即成。

红枣白萝卜猪蹄汤

制作时间 65分钟

🖊 口味：鲜　　🍳 烹饪方法：煮

/ 材料 /

白萝卜200克，猪蹄400克，红枣20克，姜片少许

/ 调料 /

盐、鸡粉、胡椒粉各2克，料酒16毫升

☆温馨提示☆

猪蹄含丰富的胶原蛋白，可益气养血，对乳汁分泌不足的新妈妈有催乳的效果。

/ 制作方法 /

1 洗好去皮的白萝卜切开，再切成小块。

2 锅中注水烧开，倒入洗好的猪蹄。

3 淋入适量料酒，拌匀，煮至沸，捞出，待用。

4 砂锅中注水烧开，倒入猪蹄、红枣、姜片，淋料酒，拌匀。

5 烧开后转小火煮40分钟，倒入白萝卜块，小火煮20分钟。

6 放盐、鸡粉、胡椒粉，拌至入味；关火后盛出即成。

花生眉豆煲猪蹄

制作时间 182 分钟

口味：鲜　烹饪方法：煮

/ 材料 /

猪蹄400克，木瓜150克，水发眉豆100克，花生80克，红枣30克，姜片少许

/ 调料 /

盐2克，料酒适量

/ 制作方法 /

1 洗净的木瓜切开，去籽，切块。

2 锅中注入清水，倒入猪蹄，淋入料酒，汆煮片刻至转色。

3 关火后将汆煮好的猪蹄捞出，沥干水分，装盘待用。

4 砂锅注水，倒入猪蹄、红枣、花生、眉豆、姜片、木瓜。

5 加盖，大火煮开转小火煮3小时至食材熟软。

6 揭盖，加盐，拌至入味，关火，盛出，装入碗中即可。

牛膝佛手瓜煲猪蹄

制作时间
57分钟

🖊️ 口味：鲜　🍲 烹饪方法：煮

/ 材料 /
猪蹄块300克，佛手瓜200克，姜片20克，牛膝10克，葱花少许

/ 调料 /
盐、鸡粉各2克，胡椒粉少许，料酒6毫升

/ 制作方法 /
1 开水锅中倒入猪蹄块，煮约1分钟，捞出；砂锅注水烧开，放入牛膝、猪蹄块。
2 加姜片、料酒，煮沸后用小火煲煮约40分钟，至猪蹄熟软；倒入切好的佛手瓜，续煮至食材熟透，加盐、鸡粉、胡椒粉调味。
3 关火，盛出煮好的汤料，撒上葱花即可。

黄花菜黄豆炖猪蹄

制作时间
62分钟

🖊️ 口味：鲜　🍲 烹饪方法：炖

/ 材料 /
猪蹄块220克，水发黄花菜100克，瘦肉140克，黄豆120克，葱段、姜片各少许

/ 调料 /
盐、鸡粉各2克，料酒5毫升

/ 制作方法 /
1 瘦肉切块；开水锅中放入猪蹄块、瘦肉块、料酒，煮约2分钟，去除血渍，捞出。
2 砂锅中注水烧热，倒入氽过水的材料。
3 放入黄豆、姜片、葱段、黄花菜、料酒；烧开后用小火煮至食材熟透，加盐、鸡粉，略煮；关火后盛出即成。

木瓜鱼尾花生猪蹄汤

 制作时间 120分钟

🥄 口味：鲜　🍲 烹饪方法：煮

/ 材料 /

猪蹄块80克，鱼尾100克，水发花生米20克，木瓜块30克，姜片少许，高汤适量

/ 调料 /

盐2克，食用油适量

☆温馨提示☆

花生、鱼尾、猪蹄都是催乳的滋补佳品，新妈妈食用对通乳下奶十分有效。

/ 制作方法 /

1 开水锅中倒入猪蹄块，汆去血水，捞出，过凉水，备用。

2 炒锅注油，爆香姜片，加鱼尾，煎出香味，倒入高汤煮沸。

3 取出煮好的鱼尾，装入备好的鱼袋中，扎紧袋口，备用。

4 砂锅中注入高汤，放入猪蹄、木瓜、花生、鱼袋。

5 盖上盖，用大火煮15分钟，转中火煮1~3小时至熟软。

6 揭盖，加入盐，拌煮至食材入味；盛出，装入碗中即成。

海带黄豆猪蹄汤

制作时间 **62**分钟

🧂 口味：鲜　　🍲 烹饪方法：煮

/ **材料** /

猪蹄500克，水发黄豆100克，海带80克，姜片40克

/ **调料** /

盐、鸡粉各2克，胡椒粉少许，料酒6毫升，白醋15毫升

/ **制作方法** /

1 猪蹄对半切开，再斩成小块；海带切开，再切成小块。

2 锅中注水烧热，放入猪蹄块、白醋，用大火略煮，捞出。

3 再放入切好的海带，搅匀，煮约半分钟，捞出。

4 砂锅注水烧开，放入姜片、黄豆、猪蹄、海带、料酒。

5 盖上盖，煮沸后用小火煲至食材熟透；揭盖，加鸡粉、盐。

6 再撒上胡椒粉，搅匀，再煮片刻，至汤汁入味，关火即成。

鲜奶猪蹄汤

制作时间
80 分钟

🥄 口味：清淡　☕ 烹饪方法：煮

/ 材料 /

猪蹄200克，红枣10克，牛奶80毫升，高汤适量

/ 调料 /

料酒5毫升

☆温馨提示☆

此道菜品有养血、通络、下乳的功效，适用于产后体质虚弱、乳汁不足者。

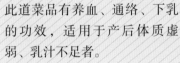

/ 制作方法 /

1 开水锅中放入猪蹄、料酒，煮约5分钟，汆去血水，捞出过冷水。

2 砂锅中注入高汤烧开，放入猪蹄和红枣，大火煮约15分钟。

3 转小火煮约1小时，至食材软烂，倒入牛奶，拌匀。

4 稍煮片刻，至汤水沸腾；关火后盛出煮好的汤料即成。

党参薏仁炖猪蹄

制作时间
62 分钟

🏷 口味：鲜　　🔥 烹饪方法：煮

/ 材料 /
猪蹄块350克，薏米50克，党参、姜片各少许

/ 调料 /
盐、鸡粉各2克，料酒少许

☆温馨提示☆

此道膳食有养血生精、安神助眠、催奶泌乳的作用，能够有效促进新妈妈的乳汁分泌。

/ 制作方法 /

❶ 锅中注入清水烧开，倒入猪蹄块，淋入料酒，氽煮片刻。

❷ 关火后捞出氽煮好的猪蹄块，沥干水分，装入盘中备用。

❸ 砂锅中注入适量清水，倒入猪蹄块、薏米、党参、姜片，淋入料酒，拌匀。

❹ 加盖，大火煮开转小火煮1小时至熟。

❺ 揭盖，加入盐、鸡粉，搅拌至入味。

❻ 关火后盛出炖煮好的猪蹄汤，装入碗中即可。

奶香牛骨汤

制作时间
123分钟

🧂 口味：鲜　🍲 烹饪方法：炖

/ 材料 /
牛奶250毫升，牛骨600克，香菜20克，姜片少许

/ 调料 /
盐、鸡粉各2克，料酒适量

/ 制作方法 /
1 香菜切段；开水锅中倒入牛骨、料酒，煮至沸，氽去血水，捞出，待用。
2 砂锅中注水烧开，放入牛骨、姜片、料酒；盖上盖，用小火炖2小时至熟。
3 揭盖，加入盐、鸡粉调味，倒入牛奶，拌匀，煮至沸；关火后盛出，撒上香菜即成。

黄精山药鸡汤

制作时间
152分钟

🧂 口味：鲜　🍲 烹饪方法：煮

/ 材料 /
鸡腿800克，去皮山药150克，红枣、黄精各少许

/ 调料 /
盐、鸡粉各1克，料酒10毫升

/ 制作方法 /
1 山药切滚刀块；沸水锅中倒入鸡腿、料酒，氽去血水和脏污，捞出。
2 砂锅注水，倒入红枣、黄精、鸡腿、料酒，用大火煮开后转小火煮至食材七八成熟，倒入山药，续煮至食材有效成分析出。
3 加盐、鸡粉调味；关火后盛出即成。

冬瓜鲜菇鸡汤

制作时间 138分钟

🏷️ 口味：鲜　　🍲 烹饪方法：煮

/ 材料 /

水发香菇30克，冬瓜块80克，鸡肉块50克，瘦肉块40克，高汤适量

/ 调料 /

盐2克

/ 制作方法 /

1 锅中注水烧开，倒入鸡肉、瘦肉，氽去血水，捞出。

2 将氽过水的食材过一次凉水，备用。

3 锅中注入适量高汤烧开，倒入氽过水的食材。

4 再放入备好的冬瓜、香菇，稍微搅拌片刻。

5 盖上锅盖，用大火煮15分钟后转中火煮2小时至食材熟软。

6 揭开锅盖，加入盐，搅拌至入味；关火后盛出装碗即成。

四物乌鸡汤

制作时间 62分钟

🔖 口味：鲜　　🍲 烹饪方法：煮

／材料／

乌鸡肉200克，红枣8克，熟地、当归、白芍、川芎各5克

／调料／

盐、鸡粉各2克，料酒少许

☆温馨提示☆

乌鸡有补虚劳羸弱、止消渴的功用，产妇食用可提高生理机能，防治产后骨质疏松等。

／制作方法／

1 沸水锅中倒入乌鸡肉，淋入料酒，汆去血水，撇去浮沫，捞出。

2 砂锅注水，倒入熟地、当归、白芍、川芎、红枣、乌鸡。

3 盖上盖，用大火煮开后转小火续煮1小时至食材熟透。

4 揭盖，加入盐、鸡粉，拌匀；关火后盛出，装入碗中即可。

枸杞木耳乌鸡汤

制作时间
123分钟

🧂 口味：鲜　　🍲 烹饪方法：煮

/ 制作方法 /

1 锅中注水用大火烧开，倒入备好的乌鸡，汆去血沫，捞出。

2 砂锅注水烧热，倒入乌鸡、木耳、枸杞、姜片，搅拌匀。

3 盖上锅盖，煮开后转小火续煮2小时至食材熟透。

4 掀开锅盖，加盐，搅拌片刻；将煮好的汤品装入碗中即成。

/ 材料 /

乌鸡400克，木耳40克，枸杞10克，姜片少许

/ 调料 /

盐3克

☆温馨提示☆

乌鸡可滋阴清热、补肝益肾、健脾止泻，对产妇体虚血亏、脾胃不和有改善作用。

益母草乌鸡汤

制作时间
62分钟

🏷 口味：鲜　🍲 烹饪方法：煮

/ 材料 /

乌鸡块300克，猪骨段150克，姜片、葱段、益母草各少许

/ 调料 /

盐、鸡粉各2克，料酒8毫升，胡椒粉适量

/ 制作方法 /

1 纱袋中放入益母草，制成药袋；锅中注水烧开，倒入猪骨、乌鸡、料酒，氽去血水。

2 砂锅注水烧开，放入药袋、姜片、料酒。

3 加入氽过水的食材，烧开后转小火煮至食材熟透，倒入葱段，拣出药袋，加盐、鸡粉、胡椒粉，搅匀调味；关火后盛出即成。

鸡汤肉丸炖白菜

制作时间
26分钟

🏷 口味：鲜　🍲 烹饪方法：煮

/ 材料 /

白菜170克，肉丸240克，鸡汤350毫升

/ 调料 /

盐、鸡粉各2克，胡椒粉适量

/ 制作方法 /

1 将洗净的白菜切去根部，再切开，用手掰开；在肉丸上切花刀，备用。

2 砂锅中注入适量清水烧热，倒入备好的鸡汤，放入肉丸，盖上盖，烧开后用小火煮20分钟；揭盖，倒入白菜。

3 加入盐、鸡粉、胡椒粉，拌匀，用大火煮5分钟至食材入味，关火后盛出即成。

茼蒿鲫鱼汤

🖊 口味：鲜　　🔥 烹饪方法：煮

/ 材料 /

鲫鱼肉400克，茼蒿90克，姜片、枸杞各少许

/ 调料 /

盐3克，鸡粉2克，胡椒粉少许，料酒5毫升，食用油适量

/ 制作方法 /

1 将茼蒿切成段，装入盘中，待用。

2 用油起锅，倒入姜片、鲫鱼肉，小火煎至两面断生。

3 加入料酒、水、盐、鸡粉，放入枸杞，用大火煮约5分钟至鱼肉熟软。

4 倒入茼蒿，撒入胡椒粉，续煮至食材熟透；关火后盛出煮好的鲫鱼汤即成。

苹果红枣鲫鱼汤

制作时间 10 分钟

✎ 口味：鲜　　🔥 烹饪方法：煮

/ 材料 /

鲫鱼500克，去皮苹果200克，红枣20克，香菜叶少许

/ 调料 /

盐3克，胡椒粉2克，水淀粉、料酒、食用油各适量

☆ 温馨提示 ☆
- -
苹果富含维生素C，对增强机体免疫力有益，产妇食用此品可补养身体、滋补气血。

/ 制作方法 /

1 洗净的苹果去核，切成块。

2 往鲫鱼身上撒上盐，涂抹均匀，淋入料酒，腌渍入味。

3 用油起锅，放入鲫鱼，煎约2分钟至呈金黄色。

4 注入清水，倒入红枣、苹果，大火煮开，加入盐，拌匀。

5 加盖，中火续煮5分钟至入味；揭盖，加入胡椒粉，拌匀。

6 倒入水淀粉，拌匀；关火后盛出，放上香菜叶即成。

菌菇豆腐汤

⏱ 制作时间 5分钟

🔖 口味：鲜　　🍲 烹饪方法：煮

/ 材料 /

白玉菇75克，水发黑木耳55克，鲜香菇20克，豆腐250克，鸡蛋1个，葱花少许

/ 调料 /

盐、胡椒粉各3克，鸡粉2克，食用油、芝麻油各少许

/ 制作方法 /

1 白玉菇切小段；香菇切小块；豆腐切小方块；洗好的黑木耳切成小块。

2 鸡蛋打入碗中，拌匀搅散，制成蛋液。

3 热水锅中加盐、豆腐，略煮，加木耳，续煮1分钟后捞出。

4 锅中注水烧开，加盐、鸡粉、食用油，倒入焯过水的材料。

5 放入香菇、白玉菇，用中火煮片刻，撒入胡椒粉，拌匀。

6 倒入蛋液，拌至浮现蛋花，淋入芝麻油，撒上葱花即成。

萝卜丝煲鲫鱼

制作时间
32 分钟

口味：鲜　　烹饪方法：煮

/ 材料 /

鲫鱼500克，白萝卜150克，胡萝卜80克，姜丝、葱花各少许

/ 调料 /

盐3克，鸡粉2克，胡椒粉、料酒各适量

/ 制作方法 /

1 去皮的白萝卜、胡萝卜切片，再切丝，备用。

2 砂锅中注入适量清水，放入处理好的鲫鱼、姜丝、料酒。

3 盖上盖，用大火煮10分钟。

4 揭盖，倒入切好的胡萝卜、白萝卜。

5 再盖上盖，用小火续煮约20分钟至食材熟透。

6 揭盖，加盐、鸡粉、胡椒粉；关火后撒上葱花即成。

黄花菜鲫鱼汤

制作时间
5分钟

🥄 口味：鲜　　🍲 烹饪方法：煮

/ 材料 /

鲫鱼350克，水发黄花菜170克，姜片、葱花各少许

/ 调料 /

盐3克，鸡粉2克，料酒10毫升，胡椒粉少许，食用油适量

/ 制作方法 /

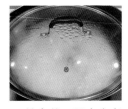

1 锅中注入适量油烧热，加入姜片，爆香，放入处理好的鲫鱼，煎出焦香味，盛出，待用。

2 锅中倒入适量开水，放入煎好的鲫鱼，淋入少许料酒。

3 加入盐、鸡粉、胡椒粉，倒入洗好的黄花菜，搅拌均匀。

4 盖上盖，用中火煮3分钟；揭开盖，把煮好的鱼汤盛出，装入汤碗中，撒上葱花即成。

鸭血鲫鱼汤

制作时间
6分钟

口味：鲜　　烹饪方法：煮

╱ 材料 ╱

鲫鱼400克，鸭血150克，姜末、葱花各少许

╱ 调料 ╱

盐、鸡粉各2克，水淀粉4毫升，食用油适量

☆温馨提示☆

鲫鱼含有蛋白质、维生素A、B族维生素等成分，可增强机体免疫力，适合产后妈妈食用。

╱ 制作方法 ╱

1 鲫鱼剖开，去鱼头、鱼骨，片下鱼肉；鸭血切片。

2 鱼肉中加入适量盐、鸡粉、水淀粉，拌匀，腌渍片刻。

3 锅中注入适量清水烧开，加入少许盐。

4 倒入姜末，放入鸭血，拌匀。

5 加入适量食用油，搅拌匀。

6 倒入鱼肉，煮至熟，关火后盛出汤料，撒上葱花即成。

花生鲫鱼汤

制作时间 **27**分钟

🖊 口味：鲜　🍲 烹饪方法：煮

/ 制作方法 /

1 用油起锅，放入处理好的鲫鱼，用小火煎至两面断生。

2 注入适量清水，放入备好的姜片、葱段、花生米。

3 盖上盖，烧开后用小火煮约25分钟至熟；揭开盖，加入少许盐。

4 拌匀，煮至食材入味，关火后盛出煮好的汤料即可。

/ 材料 /

鲫鱼250克，花生米120克，姜片、葱段各少许

/ 调料 /

盐2克，食用油适量

☆温馨提示☆

花生中的脂肪油和蛋白质对产后乳汁不足的新妈妈有滋补气血、养血通乳的作用。

西红柿炖鲫鱼

制作时间 15分钟

🧂 口味：鲜　🍲 烹饪方法：煮

/ 材料 /

鲫鱼250克，西红柿85克，葱花少许

/ 调料 /

盐、鸡粉各2克，食用油适量

/ 制作方法 /

1 洗净的西红柿切片，备用。

2 用油起锅，放入处理好的鲫鱼，用小火煎至断生，注入适量清水，用大火煮至沸。

3 盖上盖，用中火煮约10分钟；揭盖，倒入西红柿，拌匀，撇去浮沫，煮至食材熟透。

4 加入盐、鸡粉，拌匀调味，关火后盛出煮好的菜肴，装入碗中，点缀上葱花即可。

淮山黄芪养生鲫鱼汤

制作时间 120分钟

🧂 口味：鲜　🍲 烹饪方法：煮

/ 材料 /

鲫鱼1条，淮山8克，黄芪3克，姜片5克，高汤500毫升

/ 调料 /

盐2克，料酒少许

/ 制作方法 /

1 用油起锅，放入姜片、鲫鱼，煎至鲫鱼两面金黄，注入高汤，煮至鱼肉断生，盛出鲫鱼，装入煲汤鱼袋中待用。

2 砂锅中注入煮鱼的高汤，放入鱼袋、淮山、黄芪，烧开后转小火续煮至食材熟透。

3 加料酒、盐，捞出鱼袋，盛入碗中即成。

羊肉奶羹

制作时间
125分钟

🖊 口味：鲜　　🍲 烹饪方法：煮

/ 材料 /
羊肉80克，山药100克，牛奶40毫升，姜片少许

/ 调料 /
盐2克

/ 制作方法 /

1 砂锅中注入适量高汤烧开，放入洗净切好的羊肉，拌匀。

2 盖上锅盖，烧开后转小火煮约1.5小时至其熟烂。

3 揭开锅盖，放入洗好切片的山药，撒入姜片，拌匀。

4 盖上盖，用小火煮约30分钟。

5 揭开盖，倒入牛奶，加少许盐，拌匀调味。

6 续煮片刻，至汤汁收浓，关火后盛出煮好的汤料即成。

通草奶

制作时间
5 分钟

🖊 口味：甜　　🍲 烹饪方法：煮

/ 材料 /
通草15克，鲜奶500毫升

/ 调料 /
白糖5克

☆温馨提示☆

通草具有通乳的功效，对产后乳少有改善作用；鲜奶具有增强免疫力、美容养颜等功效。

/ 制作方法 /

❶ 锅置于火上，倒入鲜奶。

❷ 加入通草，拌匀。

❸ 大火煮约3分钟至沸腾，加入白糖。

❹ 稍稍搅拌至入味；关火后将煮好的通草奶装入杯中即可。

PART 6

产后第4周，
强化体能助恢复

产后第4周，是新妈妈们恢复健康的关键时期，也是迈向正常生活的过渡期。无论是需要哺乳的妈妈，还是不需要哺乳的妈妈，进补都不可掉以轻心，仍需严格按照坐月子的饮食原则和休养方式进行，继续强化第3周的饮食原则，通过饮食滋补来巩固之前坐月子的成果，使气血更加充足。本章将为妈妈们推荐各类营养更加丰富全面的菜品，以期达到改善体质、提升元气的目的。

第4周时，月子期已经接近尾声，到这个阶段，产妇的生活基本上开始步入正轨。很多人以为这一周开始可以正常活动、照顾孩子了，其实产妇还没有完全恢复。这一阶段，产妇要特别注意循序渐进与适度的原则，不能勉强自己做事，如果感觉到累了，还是需要多休息，以保存体力，加速产后恢复。

饮食调理

1.适当补充红糖，但不宜过量。产妇适量食用红糖有健脾暖胃、散寒活血的功效，但是过量食用，会影响子宫复原，造成慢性失血性贫血。

2.多进食富含维生素E和维生素B_1的食物，以缓解妈妈们产后气血两亏造成的眼睛干涩、进食少等问题。

3.到第4周，宝宝易出现便秘的现象，母乳喂养的妈妈应注意饮食均衡，不宜过多食用高蛋白的食物，如牛肉、虾、鸡蛋等，应尽可能多吃蔬菜及水果。

4.不要过多食用鸡蛋。鸡蛋虽然营养丰富、易消化，但不是吃得越多越好，过量食用鸡蛋会妨碍身体吸收其他营养素。

5.喝汤吃肉要同时进行。产妇因要催奶，故经常喝汤，但到这一时期，喝汤的同时也要吃肉，以补充营养，增强体质。

日常护理

1.这一阶段的产妇因产后体内激素变化，会出现不同程度的眼花症状，所以要避免在强光或光线阴暗的地方读书、看报，避免长时间注视某一物体。

2.保持愉悦的心情，防止产后抑郁。产后一个月，是女性变化最大的一个月，很多产妇容易出现情绪低落、烦躁不安、悲伤哭泣、易激怒发火等现象。此时需要做好相应的应对措施，保持愉悦的心情，如适当进行户外活动、梳妆打理自己等。

3.此时正处于伤疤恢复期，可能会出现瘙痒症状，在日常生活中，要保持疤痕处的清洁卫生，及时擦净汗液，不要用手去抓、用衣服摩擦或者用水烫洗止痒，以防加剧局部刺激，促使结缔组织炎性反应，引发难忍的刺痒。

胡萝卜丝蒸小米饭

制作时间
62 分钟

口味：清淡　　烹饪方法：蒸

/ 材料 /
水发小米150克，去皮胡萝卜100克

/ 调料 /
生抽适量

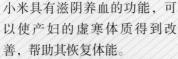

☆温馨提示☆

小米具有滋阴养血的功能，可以使产妇的虚寒体质得到改善，帮助其恢复体能。

/ 制作方法 /

1 将胡萝卜切片，改切成丝，待用。

2 取一碗，加入洗好的小米，倒入适量清水，待用。

3 蒸锅中注水烧开，放上小米，中火蒸40分钟至熟。

4 放上胡萝卜丝，续蒸20分钟至食材熟透，关火后取出，淋上生抽即成。

胡萝卜苹果炒饭

🖊 口味：鲜　　🍳 烹饪方法：炒

/ 材料 /
冷米饭230克，胡萝卜60克，苹果90克，葱花、蒜末各少许

/ 调料 /
盐、鸡粉各2克，食用油适量

/ 制作方法 /
1 将洗净去皮的苹果切开去核，切成小块。
2 洗净去皮的胡萝卜切片，切条，改切丁。
3 用油起锅，倒入胡萝卜，加入蒜末，炒匀炒香，倒入米饭，翻炒松散。
4 放入盐、鸡粉、葱花，炒匀，加入苹果，炒匀，关火后将炒好的米饭盛出装盘即成。

莲子糯米糕

制作时间
58 分钟

🖊 口味：甜　　🍳 烹饪方法：蒸

/ 材料 /
水发糯米270克，水发莲子150克

/ 调料 /
白糖适量

/ 制作方法 /
1 锅中注水烧热，倒入洗净的莲子，煮至变软，捞出，装入碗中，放凉待用。
2 将放凉的莲子剔除心、碾成末，加入糯米，拌匀，注入适量清水，装入蒸盘中。
3 蒸锅注水烧开，放入蒸盘，蒸至食材熟透，取出放凉，用模具将蒸好的食材压出花型。
4 摆放在盘中，食用时撒上少许白糖即可。

猪肝米丸子

制作时间
6分钟

🖊 口味：鲜　　🍲 烹饪方法：炸

/ 材料 /

猪肝140克，米饭200克，水发香菇45克，洋葱30克，胡萝卜40克，蛋液50克，面包糠适量

/ 调料 /

盐、鸡粉各2克，食用油适量

/ 制作方法 /

1 蒸锅中注水烧开，放入猪肝，蒸约15分钟至其熟透，取出。

2 去皮胡萝卜切丁，香菇切小块，洋葱切成碎末，猪肝切末。

3 用油起锅，放胡萝卜、香菇、洋葱、猪肝，加盐、鸡粉，炒匀。

4 倒米饭，炒散，盛出，制成数个丸子，滚上蛋液、面包糠。

5 制成丸子生坯，放入热油锅中，炸至其呈金黄色。

6 关火后捞出炸好的丸子，沥干油，摆入盘中即成。

鳕鱼鸡蛋粥

制作时间 **42** 分钟

🌶 口味：鲜　　🍳 烹饪方法：煮

/ 材料 /

鳕鱼肉160克，土豆80克，上海青35克，水发大米100克，熟蛋黄20克

/ 制作方法 /

1 蒸锅上火烧开，放鳕鱼肉、土豆，蒸至熟软，取出，放凉。

2 上海青切去根部，再切细丝，改切成粒；熟蛋黄压碎。

3 将放凉的鳕鱼肉碾碎，去除鱼皮、鱼刺；土豆压成泥。

4 砂锅中注水烧热，倒入大米，搅匀，煮至大米熟软。

5 倒入鳕鱼肉、土豆、蛋黄、上海青，搅拌均匀。

6 煮至所有食材熟透，搅拌至粥浓稠，盛出即成。

海虾干贝粥

制作时间 24 分钟

口味：鲜　　烹饪方法：煮

/ 材料 /
水发大米300克，基围虾200克，水发干贝50克，葱花少许

/ 调料 /
盐2克，鸡粉3克，胡椒粉、食用油各适量

/ 制作方法 /
1 洗净的虾切去头部，背部切一刀。
2 砂锅中注入适量清水，倒入大米、干贝，拌匀，大火煮开后转小火煮20分钟至熟。
3 揭盖，倒入虾，稍煮片刻至虾转色，加入食用油、盐、鸡粉、胡椒粉，拌匀调味。
4 关火后将粥盛入碗中，撒上葱花即成。

胡萝卜糯米糊

制作时间 3 分钟

口味：清淡　　烹饪方法：煮

/ 材料 /
糙米、粳米、糯米各50克，胡萝卜丁100克

/ 调料 /
盐2克

/ 制作方法 /
1 取豆浆机，倒入泡好的糙米，加入粳米、糯米。
2 加入洗净切好的胡萝卜丁，放入盐，注入适量清水，盖上豆浆机机头。
3 按"五谷"按键，豆浆机自动打磨，至食材呈黏稠状，取下机头。
4 盛出煮好的糯米糊，装碗即成。

草鱼干贝粥

🖋 口味：鲜　🍳 烹饪方法：煮

╱ 制作方法 ╱

1 草鱼肉切薄片，装入碗中，加盐、水淀粉，拌匀，腌至入味。

2 砂锅中注水烧开，倒入洗好的大米，煮开后转小火煮20分钟。

3 倒入干贝、姜片，加盖，续煮30分钟。

4 揭盖，放入草鱼肉，加盐、鸡粉，拌匀调味；关火后盛出装碗，撒上葱花即成。

╱ 材料 ╱

大米200克，草鱼肉100克，水发干贝10克，姜片、葱花各少许

╱ 调料 ╱

盐2克，鸡粉3克，水淀粉适量

☆温馨提示☆

草鱼肉嫩而不腻，可温补身体，搭配营养丰富的干贝给产妇食用，能益气补血、滋阴补肾。

猪肝瘦肉粥

制作时间
42 分钟

🖊 口味：鲜　　🍳 烹饪方法：煮

/ 材料 /

水发大米160克，猪肝90克，瘦肉75克，生菜叶30克，姜丝、葱花各少许

/ 调料 /

盐2克，料酒4毫升，水淀粉、食用油各适量

/ 制作方法 /

1 瘦肉切细丝，猪肝切片，生菜切成细丝，待用。

2 猪肝装碗，加盐、料酒、水淀粉、食用油，拌匀，腌至入味。

3 砂锅中注水烧热，放入大米，搅匀，煮约20分钟至变软。

4 倒入瘦肉丝，搅匀，用小火续煮20分钟至熟。

5 倒入腌好的猪肝，搅拌片刻，撒上姜丝，搅匀。

6 放生菜丝，加盐，拌匀调味，盛出装碗，撒上葱花即成。

百合猪心粥

🖊 口味：鲜　　🍴 烹饪方法：煮

/ 材料 /

水发大米170克，猪心160克，鲜百合50克，姜丝、葱花各少许

/ 调料 /

盐3克，鸡粉、胡椒粉各2克，料酒、生粉、芝麻油、食用油各适量

/ 制作方法 /

1 猪心切片装碗，撒上姜丝，加盐、鸡粉、料酒、胡椒粉、生粉、食用油，拌匀，腌至入味。

2 砂锅中注水烧开，倒入大米，拌匀，煮沸后用小火煲煮约30分钟，至米粒变软。

3 倒入百合，放入腌渍好的食材，拌煮至食材熟透，加入盐、鸡粉、芝麻油，搅匀调味。

4 再转中火续煮片刻，至粥入味，关火后盛出煮好的猪心粥，装入碗中，撒上葱花即成。

海参粥

制作时间
52分钟

🥄 口味：鲜　🍳 烹饪方法：煮

/ 材料 /
海参300克，粳米250克，姜丝少许

/ 调料 /
盐、鸡粉各2克，芝麻油少许

☆温馨提示☆

海参有滋阴补肾、补血润燥、调经祛劳的功效，非常适合产后体虚的女性调理身体。

/ 制作方法 /

1 将洗净的海参切开，去除内脏，再切成丝。

2 锅中注水烧开，放入海参，汆去除腥味，捞出待用。

3 砂锅中注入适量清水烧热，倒入洗好的粳米，搅拌匀。

4 盖上盖，大火煮开后转小火煮40分钟至粳米熟软。

5 揭盖，加入盐、鸡粉，倒入海参，放入姜丝，续煮片刻。

6 淋入芝麻油，拌匀，关火后盛出，装入碗中即成。

糯米藕圆子

制作时间 30 分钟

口味：清淡　烹饪方法：蒸

/ 材料 /

水发糯米220克，肉末55克，莲藕45克，蒜末、姜末各少许

/ 调料 /

盐2克，白胡椒粉少许，生抽4毫升，料酒6毫升，生粉、芝麻油、食用油各适量

/ 制作方法 /

1. 莲藕剁成末；取大碗，倒入肉末、莲藕。
2. 加蒜、姜、盐、白胡椒粉、料酒、生抽、食用油、芝麻油、生粉，拌匀，做成数个丸子。
3. 滚上糯米，制成圆子生坯，放在蒸盘中。
4. 再置于烧开的蒸锅中，蒸熟后取出即成。

红枣糯米莲藕

制作时间 65 分钟

口味：甜　烹饪方法：蒸

/ 材料 /

红枣3颗，糯米粉200克，去皮莲藕300克，红糖30克

/ 制作方法 /

1. 红枣去核，取果肉，切碎；莲藕切小段。
2. 取一碗，倒入糯米粉、红枣碎，加入红糖，注入少许温开水，拌匀，制成米糊。
3. 将米糊塞满莲藕的小孔，装盘待用。
4. 蒸锅中注水烧开，放上莲藕，加盖，用中火蒸1小时至熟软。
5. 揭盖，取出蒸好的糯米莲藕，放凉。
6. 把放凉的莲藕放砧板上，切成片，装入盘中即成。

鳕鱼蒸鸡蛋

制作时间
25 分钟

口味：鲜　　烹饪方法：蒸

/材料/
鳕鱼100克，鸡蛋2个，南瓜150克

/调料/
盐1克

/制作方法/

1 洗净的南瓜切片；鸡蛋打入碗中，打散调匀，制成蛋液。

2 蒸锅中注水烧开，放入南瓜、鳕鱼，蒸15分钟至熟，取出。

3 用刀把鳕鱼压烂，剁成泥状；把南瓜压烂，剁成泥状。

4 往蛋液中加入南瓜、部分鳕鱼，放入少许盐，搅拌匀。

5 将拌好的材料装入另一个碗中，置于烧开的蒸锅内。

6 用小火蒸8分钟，取出，放上剩余的鳕鱼肉即成。

金枪鱼鸡蛋杯

制作时间
2 分钟

口味：鲜　　烹饪方法：拌

/ 材料 /

金枪鱼肉60克，彩椒10克，洋葱、西蓝花各20克，熟鸡蛋2个

/ 调料 /

沙拉酱30克，黑胡椒粉、食用油各适量

/ 制作方法 /

1 将熟鸡蛋对半切开，挖去蛋黄，留蛋白待用。

2 彩椒切成粒，去皮洋葱切成粒，金枪鱼肉切成丁。

3 开水锅中淋入食用油，倒入西蓝花，煮至断生，捞出。

4 将金枪鱼装入碗中，放入洋葱、彩椒、沙拉酱。

5 撒黑胡椒粉，拌匀，制成沙拉；将西蓝花摆盘，放上蛋白。

6 再摆上余下的西蓝花，将拌好的沙拉放在蛋白中即成。

虾米干贝蒸蛋羹

制作时间
9 分钟

🔖 口味：鲜　　🍳 烹饪方法：蒸

/ 材料 /

鸡蛋120克，水发干贝40克，虾米90克，葱花少许

/ 调料 /

生抽5毫升，芝麻油、盐各适量

☆温馨提示☆

此道膳食具有补充钙质、开胃
消食、增强免疫力等功效，适
合新妈妈食用。

/ 制作方法 /

1 取一碗，打入鸡
蛋，加盐、温水，调成
蛋液，放入蒸碗中。

2 蒸锅中注水烧开，
放入蒸碗，盖上锅盖，
中火蒸5分钟至熟。

3 开盖，撒上虾米、
干贝，续蒸3分钟至入
味，取出蒸好的蛋羹。

4 淋上适量生抽、芝
麻油，再撒上少许葱花
即成。

鸡蛋肉卷

制作时间
10 分钟

🖊 口味：鲜　　🍲 烹饪方法：蒸

/ 材料 /

肉末300克，鸡蛋2个，胡萝卜条25克，姜片、葱花各少许

/ 调料 /

盐、鸡粉各2克，老抽2毫升，水淀粉、生粉各适量，食用油少许

☆温馨提示☆

- -

鸡蛋的营养价值非常高，既能增加产妇的营养，还能促进乳汁分泌，促进宝宝的生长发育。

/ 制作方法 /

❶ 肉末装碗，加姜、葱、盐、鸡粉、老抽、生粉，腌至入味。

❷ 鸡蛋取蛋清，装入碗中，加少许盐、水淀粉，打散、调匀。

❸ 煎锅置火上，刷上食用油，将蛋清煎至两面熟透，取出。

❹ 开水锅中加盐，将胡萝卜条焯好后捞出；取蛋饼，撒上生粉。

❺ 放肉末、胡萝卜条，卷成卷，用水淀粉封口，制成生坯。

❻ 蒸锅上火烧开，放肉卷，蒸熟后取出，待凉后切成段即成。

胡萝卜丝烧豆腐

制作时间
3 分钟

🥄 口味：清淡　　🍳 烹饪方法：炒

/ 材料 /

胡萝卜85克，豆腐200克，蒜末、葱花各少许

/ 调料 /

盐3克，鸡粉2克，老抽2毫升，生抽、水淀粉各5毫升，食用油适量

/ 制作方法 /

1 豆腐切成小方块，去皮胡萝卜切细丝，备用。

2 开水锅中加盐，倒入豆腐块，略煮片刻，放入胡萝卜丝，煮至七成熟，捞出。

3 用油起锅，放入蒜末、爆香，倒入焯好的食材，加水、盐、鸡粉、生抽、老抽、炒匀。

4 略煮片刻，至食材入味，加水淀粉，炒至汤汁收浓，盛出装盘，撒上葱花即成。

鸡蛋包豆腐

制作时间
4 分钟

🌶 口味：鲜　　🍳 烹饪方法：炒

／材料／

鸡蛋3个，豆腐230克，培根25克，彩椒10克，葱花少许

／调料／

盐3克，鸡粉少许，食用油适量

／制作方法／

1 豆腐切小块，彩椒切小块，培根切成小块，备用。

2 鸡蛋打入碗中，加少许盐、鸡粉，拌匀，调成蛋液。

3 煎锅置火上，注油烧热，倒入豆腐块，煎至其呈焦黄色。

4 撒上盐，倒入培根、彩椒，翻炒至食材熟透，盛出待用。

5 用油起锅，倒入调好的蛋液，用小火煎一会儿。

6 倒入炒好的食材，翻炒均匀，关火后盛出，装入盘中即成。

清炒海米芹菜丝

制作时间 **2分钟**

🏷 口味：鲜　　🍲 烹饪方法：炒

/ 材料 /
海米、红椒各20克，芹菜150克

/ 调料 /
盐、鸡粉各2克，料酒8毫升，水淀粉、食用油各适量

/ 制作方法 /
1 芹菜切成段；红椒切开去籽，切成丝。
2 锅中注水烧开，放入海米，加少许料酒，煮1分钟，捞出余好的海米，沥干待用。
3 用油起锅，放入余好的海米，炒香，淋入适量料酒，炒匀，倒入芹菜、红椒，炒匀。
4 加盐、鸡粉、水淀粉，炒匀，盛出即成。

蚝油茭白

制作时间 **3分钟**

🏷 口味：清淡　　🍲 烹饪方法：炒

/ 材料 /
茭白200克，彩椒80克

/ 调料 /
盐、鸡粉各3克，水淀粉4毫升，蚝油8克，食用油适量

/ 制作方法 /
1 洗净的茭白去皮，切成片；彩椒切小块。
2 锅中注水烧开，放入少许盐、鸡粉，倒入彩椒、茭白，煮至断生，捞出沥干，备用。
3 用油起锅，倒入焯好的食材，翻炒匀。
4 放入适量蚝油、盐、鸡粉、水淀粉，快速翻炒匀，关火后盛出，装盘即成。

鲍汁海参

制作时间 **3**分钟

🖊 口味：鲜　　🍲 烹饪方法：炒

/ 材料 /

水发海参420克，西蓝花400克，鲍鱼汁40克，高汤800毫升，葱条、姜片各少许

/ 调料 /

盐、白糖、老抽、料酒、水淀粉、食用油各适量

/ 制作方法 /

1 锅中注水烧开，分别将切好的西蓝花和海参焯水后捞出；用油起锅，放葱、姜、爆香。

2 倒入海参、料酒、高汤、鲍鱼汁、白糖、盐、老抽，拌匀煮沸，加水淀粉，炒匀。

3 关火后拣出葱、姜；将西蓝花装盘摆好。

4 放上炒熟的海参，淋上锅中的汤汁即成。

芡实海参粥

制作时间 **57**分钟

🖊 口味：鲜　　🍲 烹饪方法：煮

/ 材料 /

海参80克，大米200克，芡实粉10克，葱花、枸杞各少许

/ 调料 /

盐、鸡粉各1克，芝麻油5毫升

/ 制作方法 /

1 处理干净的海参切条，切成丁。

2 砂锅中注入适量清水，倒入大米，煮约30分钟至大米熟软，放入海参、枸杞，拌匀。

3 煮至食材熟软，倒入芡实粉，拌匀，煮至其充分溶入粥中，加盐、鸡粉、芝麻油。

4 拌匀调味，盛出装碗，撒上葱花即成。

慈姑炒芹菜

制作时间
3 分钟

🥄 口味：清淡　　🍳 烹饪方法：炒

/ 材料 /

慈姑、芹菜各100克，彩椒50克，蒜末、葱段各适量

/ 调料 /

盐1克，鸡粉4克，水淀粉4毫升，食用油适量

☆温馨提示☆

芹菜富含多种维生素和纤维素，能增进食欲、促进消化，有助于预防和治疗产后便秘。

/ 制作方法 /

❶ 慈姑切成片，芹菜切成段，彩椒切小块。

❷ 锅中注水烧开，加盐、鸡粉，倒入彩椒、慈姑，略煮，捞出。

❸ 用油起锅，放蒜末、葱段，爆香，倒入芹菜、彩椒、慈姑，炒匀。

❹ 加盐、鸡粉、水淀粉，炒匀调味，关火后盛出即成。

佛手瓜炒鸡蛋

制作时间
3分钟

口味：鲜　　烹饪方法：炒

/ 材料 /

佛手瓜100克，鸡蛋2个，葱花少许

/ 调料 /

盐4克，鸡粉3克，食用油适量

/ 制作方法 /

1 洗净去皮的佛手瓜对半切开，去核，再切成片。

2 鸡蛋打入碗中，加入少许盐、鸡粉，用筷子搅匀。

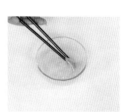

3 锅中注入适量清水烧开，加盐、食用油，倒入佛手瓜。

4 搅拌匀，煮1分钟，至其八成熟，捞出，沥干备用。

5 用油起锅，倒入蛋液，炒匀，放入佛手瓜，加盐、鸡粉。

6 炒匀调味，倒入葱花，炒出葱香味，关火后盛出即成。

胡萝卜凉薯片

制作时间 **4**分钟

🥄 口味：清淡　🍳 烹饪方法：炒

/ 材料 /
去皮凉薯200克，去皮胡萝卜100克，青椒25克

/ 调料 /
盐、鸡粉各1克，蚝油5克，食用油适量

/ 制作方法 /
1️⃣ 凉薯切片，胡萝卜切薄片，青椒切成块。
2️⃣ 用油起锅，倒入胡萝卜片，炒匀，放入凉薯片，炒至食材熟透。
3️⃣ 倒入青椒块，加入盐、鸡粉，翻炒均匀。
4️⃣ 加入少许清水、蚝油，翻炒至入味，关火后盛出炒好的菜肴，装入盘中即成。

西蓝花炒火腿

制作时间 **3**分钟

🥄 口味：清淡　🍳 烹饪方法：炒

/ 材料 /
西蓝花150克，火腿肠1根，红椒20克，姜片、蒜末、葱段各少许

/ 调料 /
料酒4毫升，盐、鸡粉各2克，水淀粉3毫升，食用油适量

/ 制作方法 /
1️⃣ 西蓝花、红椒切小块，火腿肠切成片。
2️⃣ 开水锅中注油，将西蓝花略煮后捞出。
3️⃣ 用油起锅，放姜、蒜、葱、爆香，倒入红椒块、火腿肠、西蓝花，炒香，淋入料酒。
4️⃣ 加盐、鸡粉、水淀粉，炒匀，盛出即成。

猪心炒包菜

制作时间
5 分钟

🏷 口味：鲜　🍳 烹饪方法：炒

/ 材料 /

猪心、包菜各200克，彩椒50克，蒜、姜各少许

/ 调料 /

盐4克，鸡粉3克，蚝油5克，料酒6毫升，生抽4毫升，生粉、食用油各适量

/ 制作方法 /

1 彩椒切丝，包菜撕小块；猪心切片装碗，加盐、鸡粉、料酒、生粉，拌匀，腌至入味。
2 锅中注水烧开，将包菜、猪心焯水后捞出。
3 用油起锅，放姜、蒜、爆香，倒入包菜、猪心，翻炒均匀，放入彩椒、蚝油、生抽。
4 加盐、鸡粉、水淀粉，炒匀，盛出即成。

菠菜炒猪肝

制作时间
5 分钟

🏷 口味：鲜　🍳 烹饪方法：炒

/ 材料 /

菠菜200克，猪肝180克，红椒10克，姜片、蒜末、葱段各少许

/ 调料 /

盐、鸡粉、料酒、水淀粉、食用油各适量

/ 制作方法 /

1 菠菜切段，红椒切小块；猪肝切片，加盐、鸡粉、料酒、水淀粉、食用油，腌至入味。
2 用油起锅，放姜、蒜、葱、爆香，加入红椒，炒香，倒入猪肝，淋入料酒，炒匀。
3 放入菠菜，炒至熟软，加盐、鸡粉、水淀粉，炒匀调味，关火后盛出即成。

干贝炒丝瓜

制作时间
3 分钟

口味：鲜　　烹饪方法：炒

／材料／

丝瓜200克，彩椒50克，水发干贝30克，姜片、蒜末、葱段各少许

／调料／

盐、鸡粉各2克，料酒、生抽、水淀粉、食用油各适量

／制作方法／

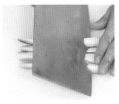

1 将洗净去皮的丝瓜对半切开，再切成片，装盘待用。

2 洗好的彩椒切成小块，泡好的干贝用刀压烂。

3 用油起锅，放姜、蒜、葱，爆香，倒入干贝、料酒，炒香。

4 倒入切好的丝瓜、彩椒，拌炒匀，注入清水，炒至熟软。

5 加入盐、鸡粉、生抽，炒匀调味。

6 加水淀粉，快速翻炒均匀，关火后盛出，装盘即成。

猪蹄灵芝汤

制作时间
150分钟

🏷口味：鲜　🍳烹饪方法：煮

/ 材料 /
猪蹄块250克，黄瓜块150克，灵芝20克，高汤适量

/ 调料 /
盐2克

☆温馨提示☆
- - - - - - - - - - - - - - - - - - - -
新妈妈产后常喝此汤不仅能强身健体，改善神疲乏力、心悸失眠等症状，还能美容护肤。

/ 制作方法 /

1 锅中注水烧开，倒入猪蹄，汆去血水，捞出，过凉水备用。

2 砂锅中倒入适量高汤，用大火烧开。

3 放入汆过水的猪蹄，加入备好的灵芝，搅拌均匀。

4 盖上锅盖，烧开后煮15分钟，再转中火煮至猪蹄熟烂。

5 揭开锅盖，倒入切好的黄瓜块，拌匀。

6 续煮至黄瓜熟软，加盐调味，关火后盛出煮好的汤料即成。

金银花茅根猪蹄汤

制作时间
110 分钟

口味：鲜　　烹饪方法：煮

材料

猪蹄块350克，黄瓜200克，金银花、白芷、桔梗、白茅根各少许

调料

盐、鸡粉各2克，白醋4毫升，料酒5毫升

制作方法

1 黄瓜去瓤，切小段；锅中注水烧开，倒入猪蹄块。

2 汆去血水，淋入白醋、料酒，略煮片刻，捞出备用。

3 砂锅中注水烧热，放入金银花、白芷、桔梗、白茅根、猪蹄。

4 烧开后用小火煲约90分钟，放入黄瓜段，拌匀。

5 加入盐、鸡粉，拌匀调味，盖上盖，用小火续煮约10分钟。

6 揭盖，搅拌均匀，关火后盛出煮好的汤料即成。

茭白焖猪蹄

制作时间 86分钟

口味：鲜　　烹饪方法：焖

/ 材料 /

猪蹄块320克，茭白120克，姜片、葱段各少许

/ 调料 /

盐、鸡粉、料酒、老抽、生抽、水淀粉、食用油各适量

/ 制作方法 /

1 茭白切滚刀块；开水锅中加料酒，将猪蹄块余去血水，捞出；用油起锅，放入姜片。

2 倒入猪蹄，加料酒、水，焖煮45分钟，加老抽、料酒、生抽、盐，拌匀，续焖20分钟。

3 倒入茭白、葱段，拌匀，再焖煮片刻。

4 加鸡粉、水淀粉，拌匀，盛出即成。

人参猪蹄汤

制作时间 62分钟

口味：鲜　　烹饪方法：煮

/ 材料 /

猪蹄块300克，姜片30克，红枣20克，枸杞、人参片各10克

/ 调料 /

盐、鸡粉各2克，白酒10毫升

/ 制作方法 /

1 锅中注水烧开，倒入猪蹄块，淋入适量白酒，拌匀，略煮片刻，捞出，沥干待用。

2 砂锅中注水烧开，撒上姜片，倒入余好的猪蹄，放入红枣、枸杞、人参片。

3 加白酒，拌匀提味，煮至食材熟透。

4 加盐、鸡粉调味，续煮片刻，盛出即成。

淮山板栗猪蹄汤

制作时间
123 分钟

口味：鲜 　　烹饪方法：煮

/ 材料 /
猪蹄500克，板栗150克，淮山、姜片各少许

/ 调料 /
盐3克

☆ 温馨提示 ☆

本品具有强筋健骨、益气补肾、健脾胃、提高免疫力等功效，产妇食用还能增进食欲。

/ 制作方法 /

1 锅中注水烧开，倒入猪蹄，搅拌片刻，去除血水，捞出。

2 砂锅中注入适量的清水，用大火烧热。

3 倒入余好的猪蹄、淮山、板栗、姜片，搅拌片刻。

4 盖上锅盖，烧开后转小火煮2小时，至药性析出。

5 掀开锅盖，撇去汤面的浮沫。

6 加盐调味，盛出煮好的汤料，装入碗中即成。

山药红枣鸡汤

制作时间
44分钟

🖊️ 口味：鲜　　🍲 烹饪方法：煮

/ 材料 /

鸡肉400克，山药230克，红枣、枸杞、姜片各少许

/ 调料 /

盐3克，鸡粉2克，料酒4毫升

/ 制作方法 /

1 将山药去皮，切滚刀块；鸡肉切成块，备用。

2 锅中注水烧开，倒入鸡肉块，淋入料酒，煮约2分钟，撇去浮沫，捞出。

3 砂锅中注水烧开，倒入鸡肉块、红枣、姜片、枸杞、料酒，煮约40分钟至熟透。

4 加入盐、鸡粉，拌匀，续煮片刻，关火后盛出煮好的汤料，装入碗中即成。

银耳猪肝汤

制作时间
12分钟

🖊 口味：鲜　　🍲 烹饪方法：煮

/ 材料 /

水发银耳、小白菜各20克，猪肝50克，葱段、姜片各少许，蛋清适量

/ 调料 /

盐3克，生粉2克，酱油3毫升，食用油适量

/ 制作方法 /

1 银耳切小块；猪肝切片，加入盐、生粉、酱油、蛋清，拌匀，腌渍片刻。

2 用油起锅，放姜片、葱段，爆香，注水煮沸，放入银耳、腌好的猪肝，煮约10分钟。

3 放入切好的小白菜，煮至变软，加盐调味，续煮片刻，关火后盛出即成。

干贝木耳玉米瘦肉汤

制作时间
182分钟

🖊 口味：鲜　　🍲 烹饪方法：煮

/ 材料 /

玉米200克，胡萝卜、瘦肉各150克，水发黑木耳30克，水发干贝5克，去皮马蹄100克

/ 调料 /

盐2克

/ 制作方法 /

1 胡萝卜切滚刀块，玉米切段，瘦肉切块。

2 开水锅中倒入瘦肉，氽煮片刻，捞出。

3 砂锅中注入清水，倒入瘦肉、玉米、胡萝卜、马蹄、木耳、干贝，拌匀，煮至食材析出有效成分。

4 加入盐，拌匀调味，关火后盛出即成。

薏米冬瓜鲫鱼汤

制作时间
35 分钟

🏷 口味：鲜　　🍳 烹饪方法：煮

/ 材料 /
鲫鱼块350克，冬瓜170克，水发薏米、姜片各适量

/ 调料 /
盐、鸡粉各2克，食用油适量

/ 制作方法 /
1 冬瓜切块；煎锅中注油烧热，放入鲫鱼块，煎至两面金黄，盛出，装入纱袋，系紧。
2 砂锅中注水烧开，倒入备好的薏米、姜片，放入鱼袋，倒入冬瓜。
3 煮至食材熟透，加入盐、鸡粉，拌匀。
4 拣出鱼袋，关火后盛出煮好的汤料即成。

豆腐紫菜鲫鱼汤

制作时间
7 分钟

🏷 口味：鲜　　🍳 烹饪方法：煮

/ 材料 /
鲫鱼300克，豆腐90克，水发紫菜70克，姜片、葱花各少许

/ 调料 /
盐3克，鸡粉2克，料酒、胡椒粉、食用油各适量

/ 制作方法 /
1 豆腐切小块；用油起锅，放姜片，爆香。
2 倒入处理干净的鲫鱼，煎至两面焦黄色。
3 加料酒、清水、盐、鸡粉，拌匀，煮至熟。
4 倒入豆腐、紫菜、胡椒粉，拌匀，续煮至食材熟透，盛出装碗，撒上葱花即可。

菠菜鸡蛋干贝汤

制作时间 13 分钟

🔖 口味：鲜　　🍴 烹饪方法：煮

/ 材料 /
牛奶200毫升，菠菜段150克，干贝10克，蛋清80毫升，姜片少许

/ 调料 /
料酒8毫升，食用油适量

☆温馨提示☆
本品食材种类多样，营养较为全面、均衡，对产后体虚、便秘、失眠的新妈妈非常有益。

/ 制作方法 /

1 热锅中注入适量食用油，烧至五成热，放入姜片、干贝，爆香。

2 倒入适量清水，搅拌匀，加入少许料酒，煮约8分钟至沸腾。

3 倒入菠菜段，拌匀，待其煮软后，倒入牛奶，煮至沸腾。

4 倒入蛋清，续煮2分钟，搅拌均匀，盛出煮好的汤料，装碗即成。

香芋煮鲫鱼

🖊 口味：鲜　　🍳 烹饪方法：煮

/ 制作方法 /

1 芋头切丝；鲫鱼切一字刀花，撒上盐，抹匀，腌渍片刻。

2 锅中注油烧热，分别将芋头丝、鲫鱼炸好后捞出，待用。

3 锅底留油，放姜、清水、鲫鱼，略煮片刻，倒入芋头、蒜、枸杞。

4 倒入鸡蛋液，煮成形，加盐、白糖，煮至食材入味，盛出即成。

/ 材料 /

净鲫鱼400克，芋头80克，鸡蛋液45克，枸杞12克，姜丝、蒜末各少许

/ 调料 /

盐2克，白糖少许，食用油适量

☆温馨提示☆

本品能为人体补充丰富的蛋白质、钙质，产妇食用能健脾益气、利水通乳、增强抵抗力。

奶香红豆西米露

制作时间 **61** 分钟

口味：鲜　　烹饪方法：蒸

/ 材料 /

水发红豆、西米各100克，牛奶200毫升

/ 调料 /

冰糖30克

/ 制作方法 /

1 锅中注入适量清水烧开，倒入西米，拌煮至透明。

2 关火，将煮好的西米盛出，倒入备好的凉开水中。

3 砂锅中注水烧开，倒入泡发好的红豆，略微搅拌。

4 盖上锅盖，烧开后转小火煮50分钟，至红豆熟软。

5 掀开锅盖，倒入牛奶、冰糖，搅拌片刻，至食材入味。

6 捞出水中的西米，沥干装碗，将煮好的食材浇在西米上即成。

PART 7

产后第5～6周，
美体养颜轻"食"尚

　　经过前几周的调养，新妈妈的身体已经基本复原，然而脂肪却也早早地累积下来，你是否已经开始着急产后减肥了？别担心，从本周开始一直至产后的第6个月，都将是减脂塑身的绝佳时期。当身体恢复到产前状态后，可通过循序渐进地增加一些如产后瘦身操、慢跑、瑜伽等运动来重塑形体。饮食方面同样不能忽视，本章将为你推荐多道集美容养颜、纤体塑身于一体的养生菜例，让你轻松乐享滋味生活。

每一位新妈妈都希望自己能在产后快速恢复身材，可是，因为产后身体机能的限制，这一想法往往都无法实施。但是，到了第5周，新妈妈们就可以放心开始养颜塑身啦。从第5周开始，进行适时的瘦身运动、坚持母乳喂养是快速恢复的基本途径，同时搭配合理的饮食调养和适当的按摩，以保证体力、精力，为美丽加分。

饮食调理

1.这一阶段要养颜塑身，在饮食上就要清淡、少盐、少脂肪，其次还要趁热吃饭、细嚼慢咽、少吃零食，以便减少热量摄入，防止肥胖。

2.新妈妈产后需要大量营养，以补充产后哺乳需要，所以要保证摄入足够的营养素，多吃些鸡蛋、鸡汤、红枣、桂圆、莲子等食物，也宜多吃易消化的"稀而软"的食物。

3.忌吃凉性的水果。水果能补充维生素、增进食欲，但是这一阶段的产妇还是不能食用偏凉性的水果，如西瓜、梨、哈密瓜、椰汁等。

4.禁止食用含酒精、咖啡因的食物。月子后期的产妇，尤其是哺乳的妈妈，要绝对禁止摄入含有酒精、咖啡因的食物，因为乙醇会影响宝宝的脑部发育，或使宝宝焦躁不安、难以入眠。

日常护理

1.产后第6周的日常护理，首先应该去医院进行产后检查，了解身体的恢复状况，及时发现问题、解决问题。

2.要有好的身材，适度的运动是必须的，搭配一些简单的瘦腿、美胸运动，能使体型更加完美，但是运动要适度，不宜过度运动，以免造成运动伤害。

3.适当而有针对性的按摩方式能帮助塑身。按摩与运动都是对塑身非常有帮助的方式，如进行腹部按摩，能够帮助小腹收缩；乳房按摩可以促进雌激素分泌，使乳房更加丰满、结实。

美白薏米粥

制作时间
32分钟

🏷 口味：清淡　🍴 烹饪方法：煮

/ 材料 /

水发大米250克，水发薏米100克

/ 制作方法 /

1 砂锅中注入适量清水烧开，倒入备好的大米、薏米。

2 加盖，小火煮30分钟至熟。

3 揭盖，搅拌片刻至入味。

4 关火后将煮好的粥盛出，装入碗中即可。

燕麦二米饭

制作时间
32分钟

🏷 口味：清淡　🍴 烹饪方法：煮

/ 材料 /

水发大米100克，水发小米70克，燕麦50克

/ 制作方法 /

1 锅中注入适量清水烧热。

2 倒入洗好的大米、小米、燕麦，拌匀。

3 盖上盖子，煮开后用小火煮30分钟至食材熟透。

4 关火后揭开锅盖，盛出煮好的饭即可。

山药南瓜羹

制作时间
14 分钟

🧂 口味：清淡　　🍳 烹饪方法：煮

/ 材料 /
南瓜300克，山药120克

/ 调料 /
盐、鸡粉各2克，食用油适量

/ 制作方法 /

1 洗净去皮的南瓜切成片，洗好去皮的山药切成片，装入蒸盘中，待用。

2 蒸锅上火烧开，放入蒸盘，用大火蒸10分钟，至食材熟透，取出，放凉待用。

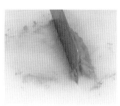

3 将放凉的山药、南瓜分别压烂，剁成泥状，备用。

4 锅中注水烧开，放入食用油、鸡粉、盐，倒入南瓜泥、山药泥，煮至沸，盛出煮好的食材即可。

花菜菠萝稀粥

制作时间
44 分钟

🏷️ 口味：甜　🍳 烹饪方法：煮

/ 材料 /

菠萝肉160克，花菜120克，水发大米85克

☆温馨提示☆

花菜不但有利于产后妈妈的身体恢复，还能提高产后体虚女性的机体免疫功能。

/ 制作方法 /

1 将去皮洗净的菠萝肉切片，再切成细丝，改切成小丁块。

2 洗好的花菜去除根部，切片，改切成小朵，备用。

3 砂锅中注入适量清水烧开，倒入洗净的大米，拌匀。

4 盖上盖，烧开后用小火煮30分钟。

5 揭盖，倒入花菜，拌匀，用小火续煮10分钟。

6 倒入菠萝，拌匀，续煮3分钟，盛出煮好的稀粥即可。

香菇蛋花上海青粥

🧂 口味：鲜　　🍲 烹饪方法：煮

/ 制作方法 /

1 洗净的上海青、香菇切粒；鸡蛋打开，取蛋清，待用。

2 砂锅中注水烧开，倒入大米，烧开后用小火煮30分钟至熟。

3 放入香菇粒、上海青，加入食用油、盐、鸡粉，拌匀调味。

4 倒入蛋清，搅拌均匀，略煮片刻；盛出煮好的粥，装碗即可。

/ 材料 /

水发香菇45克，上海青100克，水发大米150克，鸡蛋1个

/ 调料 /

盐3克，鸡粉2克，食用油适量

☆温馨提示☆

香菇所含的香菇多糖能增强细胞免疫能力；上海青富含粗纤维，能减少机体对脂肪的吸收。

小米南瓜粥

制作时间
46分钟

🖊 口味：甜　🍳 烹饪方法：煮

/ 材料 /
水发小米90克，南瓜110克，葱花少许

/ 调料 /
盐、鸡粉各2克

/ 制作方法 /
1 将洗净去皮的南瓜切成粒，装盘待用。
2 锅中注清水烧开，倒入洗好的小米，搅匀，烧开后用小火煮30分钟，至小米熟软。
3 倒入南瓜，拌匀，用小火煮至食材熟烂，放入适量鸡粉、盐，用勺搅匀调味。
4 盛出煮好的粥，装碗，再撒上葱花即可。

鹌鹑蛋龙须面

制作时间
4分钟

🖊 口味：鲜　🍳 烹饪方法：煮

/ 材料 /
龙须面120克，熟鹌鹑蛋75克，海米10克，生菜叶30克

/ 调料 /
盐2克，食用油适量

/ 制作方法 /
1 洗净的生菜叶切碎，备用。
2 砂锅注水烧开，加食用油、海米，略煮。
3 放入龙须面，拌匀，煮至其熟透，加盐，倒入熟鹌鹑蛋，拌匀，煮至汤汁沸腾，放入生菜，拌煮至其断生。
4 关火后盛出即可。

草莓樱桃苹果煎饼

制作时间 **5**分钟

🏷 口味：鲜　　🔥 烹饪方法：煎

/ 材料 /

草莓80克，苹果90克，鸡蛋1个，樱桃、玉米粉、面粉各60克

/ 调料 /

橄榄油5毫升

/ 制作方法 /

1 将洗净的草莓切成小块；把樱桃切碎，备用。

2 洗净的苹果对半切开，切成瓣，去核，再切成小块。

3 鸡蛋取蛋清，倒入装有面粉的碗中，加入玉米粉，搅匀。

4 加入清水，放入切好的水果，拌匀，制成水果面糊，待用。

5 橄榄油注入煎锅中烧热，倒入水果面糊，煎至两面焦黄。

6 把煎好的饼取出，用刀切成小块，装入盘中即可。

凉拌嫩芹菜

制作时间
3分钟

🖊 口味：清淡　🍳 烹饪方法：拌

/ 材料 /
芹菜80克，胡萝卜30克，蒜末、葱花各少许

/ 调料 /
盐3克，鸡粉少许，芝麻油5毫升，食用油适量

/ 制作方法 /

1 把洗好的芹菜切成小段，备用。

2 去皮洗净的胡萝卜切片，再切成细丝，待用。

3 锅中注水烧开，放入食用油、盐，下入胡萝卜片、芹菜段。

4 搅拌匀，续煮至食材断生，捞出，沥干，放入碗中。

5 碗中加入盐、鸡粉，撒上蒜末、葱花，再淋入芝麻油。

6 搅拌至食材入味；另取碗，将拌好的食材装在碗中即可。

炝拌生菜

制作时间

4分钟

🖊 口味：清淡　　🍵 烹饪方法：拌

/ 材料 /
生菜150克，蒜瓣30克，干辣椒少许

/ 调料 /
生抽4毫升，白醋6毫升，鸡粉、盐各2克，食用油适量

☆温馨提示☆
- - - - - - - - - - - - - - - - - -
生菜富含膳食纤维和水分，可帮助机体消耗多余的脂肪，是新妈妈调养身材的不错选择。

/ 制作方法 /

◪ 将洗净的生菜叶取下，撕成小块。

◪ 把蒜瓣切成薄片，再切细末。

◪ 蒜末放入碗中，加入生抽、白醋、鸡粉、盐，拌匀。

◪ 用油起锅，倒入干辣椒，炝出辣味。

◪ 关火后盛入碗中，制成味汁，待用。

◪ 取一个盘子，放入生菜，摆放好，把味汁浇在生菜上即可。

黄花菜拌海带丝

制作时间 **3分钟**

口味：清淡　　烹饪方法：拌

/ 材料 /

水发黄花菜100克，水发海带80克，彩椒50克，蒜末、葱花各少许

/ 调料 /

盐、鸡粉、生抽、白醋、陈醋、芝麻油各少许

/ 制作方法 /

1 将洗净的彩椒切粗丝，海带切成细丝。

2 开水锅中淋入白醋，倒入海带、黄花菜、彩椒，加入盐，煮至食材熟透后捞出。

3 碗中撒上蒜末、葱花，加入盐、鸡粉，淋入生抽、芝麻油、陈醋，搅拌至食材入味。

4 取盘子，盛入拌好的食材，摆好盘即成。

腐竹烩菠菜

制作时间 **3分钟**

口味：鲜　　烹饪方法：炒

/ 材料 /

菠菜85克，虾米10克，腐竹50克，姜片、葱段各少许

/ 调料 /

盐、鸡粉各2克，生抽3毫升，食用油适量

/ 制作方法 /

1 洗净的菠菜切成段，备用。

2 热锅注油，倒入腐竹，炸至金黄色，捞出。

3 锅底留油烧热，倒入姜片、葱段，放入虾米、腐竹，加入清水、盐、鸡粉，略煮。

4 淋入生抽，煮至食材熟透，放入菠菜，翻炒至菠菜熟软、入味，盛出装盘即可。

丝瓜烧花菜

制作时间
5 分钟

🏷 口味：清淡　🍳 烹饪方法：炒

╱ 材料 ╱

花菜180克，丝瓜120克，西红柿100克，蒜末、葱段各少许

╱ 调料 ╱

盐3克，鸡粉2克，料酒4毫升，水淀粉6毫升，食用油适量

╱ 制作方法 ╱

1 将洗净的丝瓜切成小块，洗好的花菜切小朵，备用。

2 洗净的西红柿切成小瓣，再切成小块。

3 开水锅中加入食用油、盐，倒入花菜，煮至断生后捞出。

4 用油起锅，放入蒜末、葱段，倒入丝瓜、西红柿，炒匀。

5 倒入花菜，淋入料酒，注入清水，加入盐、鸡粉，炒匀。

6 倒入水淀粉，翻炒至食材熟透，关火后盛入盘中即成。

青椒炒白菜

制作时间
2 分钟

🥢 口味：辣　　🍳 烹饪方法：炒

/ 材料 /

白菜120克，青椒40克，红椒10克

/ 调料 /

盐、鸡粉各2克，食用油适量

/ 制作方法 /

① 洗好的白菜切段，再切丝。

② 洗净的青椒切开，去籽，再切粗丝。

③ 洗好的红椒切开，去籽，再切粗丝。

④ 用油起锅，倒入青椒、红椒，倒入白菜梗，炒至变软。

⑤ 放入白菜叶，用大火快炒。

⑥ 加入盐、鸡粉，翻炒至食材入味，盛出炒好的菜肴即可。

 # 茄汁莲藕炒鸡丁

制作时间 **5** 分钟

🖊 口味：鲜　　🍳 烹饪方法：炒

/ 材料 /

西红柿100克，莲藕130克，鸡胸肉200克，蒜末、葱段各少许

/ 调料 /

盐3克，水淀粉4毫升，白醋8毫升，番茄酱、白糖各10克，鸡粉、料酒、食用油各适量

/ 制作方法 /

1 洗净去皮的莲藕切成丁，洗好的西红柿切成小块。

2 鸡胸肉切丁，加入盐、鸡粉、水淀粉、食用油，腌渍片刻。

3 锅中注水烧开，加入盐、白醋、藕丁，煮1分钟，捞出。

4 用油起锅，倒入蒜末、葱段，倒入鸡肉丁、料酒，炒匀。

5 倒入西红柿、莲藕，翻炒均匀。

6 加入番茄酱、盐、白糖，炒匀，盛出炒好的菜肴即可。

莴笋蘑菇

制作时间
5分钟

🖊 口味：清淡　🍲 烹饪方法：炒

/ 材料 /

莴笋120克，秀珍菇60克，红椒15克，姜末、蒜末、葱末各少许

/ 调料 /

盐、鸡粉各2克，水淀粉、食用油各适量

/ 制作方法 /

1️⃣ 将莴笋切片，秀珍菇、红椒切成小块。

2️⃣ 用油起锅，倒入姜末、蒜末、葱末，用大火爆香，放入秀珍菇，拌炒片刻。

3️⃣ 倒入莴笋、红椒、清水，炒至食材熟软。

4️⃣ 放入盐、鸡粉，再倒入水淀粉，快速翻炒食材，使其裹匀芡汁，盛出装盘即可。

胡萝卜丝炒包菜

制作时间
3分钟

🖊 口味：清淡　🍲 烹饪方法：炒

/ 材料 /

胡萝卜150克，包菜200克，圆椒35克

/ 调料 /

盐、鸡粉各2克，食用油适量

/ 制作方法 /

1️⃣ 洗净去皮的胡萝卜切成丝，洗好的圆椒切细丝，洗净的包菜切粗丝，备用。

2️⃣ 用油起锅，倒入胡萝卜，炒匀；放入包菜、圆椒，炒匀；注入少许清水，炒至食材断生。

3️⃣ 加入少许盐、鸡粉，炒匀调味，关火后盛出炒好的菜肴即可。

木耳鸡蛋西蓝花

制作时间
6分钟

🖊 口味：鲜　　☕ 烹饪方法：炒

/ 材料 /

水发木耳40克，鸡蛋2个，西蓝花100克，蒜末、葱段各少许

/ 调料 /

盐4克，鸡粉2克，生抽5毫升，料酒10毫升，水淀粉4毫升，食用油适量

/ 制作方法 /

1 洗好的木耳、西蓝花切成小块；鸡蛋打入碗中，加入少许盐，打散、调匀。

2 开水锅中放入适量盐、食用油，倒入木耳、西蓝花，焯煮片刻，捞出。

3 用油起锅，倒入蛋液，炒至五成熟，盛出；用油起锅，放入蒜末、葱段，爆香。

4 倒入木耳、西蓝花、料酒、鸡蛋，加入盐、鸡粉、生抽、水淀粉，炒匀，盛出即可。

彩椒芹菜炒肉片

制作时间
5 分钟

🏷 口味：鲜　　🍳 烹饪方法：炒

/ 材料 /

猪瘦肉270克，芹菜120克，彩椒80克，姜片、蒜末、葱段各少许

/ 调料 /

盐、鸡粉各3克，生抽、生粉、水淀粉、料酒、食用油各适量

☆温馨提示☆

芹菜的热量低，且富含膳食纤维，经肠道消化后会产生抗氧化物质，产后女性可常食。

/ 制作方法 /

1 将洗净的芹菜切成段，备用。

2 洗好的彩椒切开，去籽，切粗丝。

3 猪瘦肉切片，加盐、鸡粉、生粉、水淀粉、食用油，腌渍入味。

4 热锅注油，倒入肉片，滑油至其变色，捞出，待用。

5 锅底留油烧热，倒入姜、葱、蒜、彩椒、肉、芹菜、盐、鸡粉、料酒。

6 翻炒至熟软，倒入水淀粉勾芡；盛出炒好的菜肴即可。

红烧白萝卜

口味：清淡　　烹饪方法：焖

制作时间
2分钟

/ 材料 /

白萝卜350克，鲜香菇35克，彩椒40克，蒜末、葱段各少许

/ 调料 /

盐、鸡粉各2克，生抽、水淀粉各5毫升，食用油适量

/ 制作方法 /

1 洗净去皮的白萝卜切成丁；洗好的香菇、彩椒切小块。

2 用油起锅，放入蒜末、葱白，倒入香菇，翻炒至其熟软。

3 再放入白萝卜丁，炒匀，注入清水，加入少许盐、鸡粉。

4 淋入生抽，拌匀调味，用中火焖煮至食材八成熟。

5 放入切好的彩椒，转大火收汁，倒入少许水淀粉勾芡。

6 撒上葱叶，炒至食材熟软、汤汁收浓；盛出，装盘即成。

彩椒炒黄瓜

制作时间
2 分钟

🖊 口味：鲜　　🍳 烹饪方法：炒

/ 材料 /

彩椒80克，黄瓜150克，姜片、蒜末、葱段各少许

/ 调料 /

盐、鸡粉各2克，料酒、生抽、水淀粉、食用油各适量

☆ 温馨提示 ☆

黄瓜能除湿，还可以收敛和消除皮肤皱纹，对皮肤较黑的人效果尤佳。

/ 制作方法 /

1 将洗净的彩椒切成块；洗好的黄瓜去皮，切成小块。

2 用油起锅，放入姜片、蒜末、葱段、黄瓜、彩椒，淋入料酒，炒香。

3 倒入少许清水，加入适量盐、鸡粉、生抽，炒匀调味。

4 倒入适量水淀粉勾芡；将炒好的食材盛出，装入盘中即可。

香菇扒茼蒿

制作时间 2分钟

🧂 口味：清淡　🍳 烹饪方法：炒

／材料／

茼蒿200克，水发香菇50克，彩椒片、姜片、葱段各少许

／调料／

盐3克，鸡粉2克，料酒8毫升，蚝油8克，老抽2毫升，水淀粉5毫升，食用油适量

／制作方法／

1 泡好的香菇切成小块，洗净的茼蒿切去根部，备用。

2 开水锅中加入食用油、盐，倒入茼蒿，煮至软，捞出。

3 将香菇倒入沸水锅中，焯煮片刻，捞出，待用。

4 用油起锅，放入彩椒片、姜片、葱段，倒入香菇，炒匀。

5 淋入料酒，倒入清水，加入盐、鸡粉、蚝油、老抽，煮至沸。

6 倒入水淀粉，炒匀；盛出香菇，放在茼蒿上即可。

蘑菇藕片

制作时间
3分钟

🖊 口味：鲜　　🍳 烹饪方法：炒

/ 材料 /

白玉菇100克，莲藕90克，彩椒80克，姜片、蒜末、葱段各少许

/ 调料 /

盐3克，鸡粉2克，料酒、生抽、白醋、水淀粉、食用油各适量

/ 制作方法 /

1 洗净的白玉菇切去老茎，再切成段；洗好的彩椒切成小块。

2 洗净去皮的莲藕切成片，备用。

3 开水锅中放入食用油、盐、白玉菇、彩椒，煮至断生，捞出。

4 沸水锅中放入白醋，倒入藕片，煮至断生，捞出。

5 用油起锅，放入姜、蒜、葱、白玉菇、彩椒、莲藕、料酒。

6 放入生抽、盐、鸡粉、水淀粉，炒匀；盛出，装盘即可。

白灵菇炒鸡丁

制作时间
15 分钟

口味：鲜　　烹饪方法：炒

/ 制作方法 /

1 鸡胸肉切丁，加入盐、鸡粉、水淀粉、食用油，腌渍10分钟。

2 开水锅中放盐、鸡粉、食用油，将白灵菇、彩椒焯水后捞出。

3 热锅注油，倒入鸡肉，滑油至变色，捞出；锅底留油，倒入姜、蒜、葱。

4 放彩椒、白灵菇、鸡肉、料酒、盐、鸡粉、水淀粉，炒熟，盛出即可。

/ 材料 /

白灵菇200克，彩椒60克，鸡胸肉230克，姜片、蒜末、葱段各少许

/ 调料 /

盐、鸡粉各4克，料酒5毫升，水淀粉12毫升，食用油适量

☆温馨提示☆

鸡肉含有不饱和脂肪酸，搭配白灵菇食用，有养胃降脂的功效，适合产妇食用。

蒜蓉油麦菜

制作时间 2分钟

🧂 口味：清淡　🍲 烹饪方法：炒

/ 材料 /
油麦菜220克，蒜末少许

/ 调料 /
盐、鸡粉各2克，食用油适量

/ 制作方法 /
1 洗净的油麦菜由菜梗处切开，改切条形，备用。
2 用油起锅，倒入蒜末，爆香，放入油麦菜，用大火快炒，注入少许清水，炒匀。
3 加入少许盐、鸡粉，翻炒至食材入味。
4 关火后盛出炒好的菜肴，装入盘中即可。

小白菜炒黄豆芽

制作时间 2分钟

🧂 口味：清淡　🍲 烹饪方法：炒

/ 材料 /
小白菜120克，黄豆芽70克，红椒25克，蒜末、葱段各少许

/ 调料 /
盐、鸡粉各2克，水淀粉、食用油各适量

/ 制作方法 /
1 将小白菜切成段；红椒去籽，切成丝。
2 用油起锅，放入蒜末爆香；倒入黄豆芽，拌炒匀；放入小白菜、红椒，炒至熟软。
3 加入盐、鸡粉，炒匀调味，放入少许葱段，倒入水淀粉，拌炒均匀，炒出葱香味。
4 将锅中材料盛出，装入盘中即可。

西蓝花炒什蔬

制作时间
5 分钟

口味：清淡　　烹饪方法：炒

/ 材料 /
西蓝花120克，水发黄花菜90克，水发木耳40克，莲藕、胡萝卜各90克，姜片、蒜末、葱段各少许

/ 调料 /
盐2克，鸡粉4克，料酒10毫升，蚝油10克，水淀粉4毫升，食用油适量

/ 制作方法 /

1 洗净去皮的胡萝卜切成片；洗好的莲藕切成小块。

2 洗净的西蓝花切成小块；泡发好的黄花菜去蒂。

3 开水锅中放入盐、油，倒入胡萝卜、木耳、莲藕，煮1分钟。

4 再放入黄花菜、西蓝花，续煮半分钟，捞出，沥干备用。

5 用油起锅，放姜、蒜、葱、焯过水的食材，放入料酒、鸡粉、盐。

6 加入蚝油、水淀粉，翻炒均匀；盛出，装入盘中即可。

青椒炒茄子

制作时间
2分钟

口味：鲜　　烹饪方法：炒

材料

青椒50克，茄子150克，姜片、蒜末、葱段各少许

调料

盐、鸡粉各2克，生抽、水淀粉、食用油各适量

☆温馨提示☆

茄子含有维生素E，产妇常吃茄子，对延缓机体衰老、预防肥胖具有积极的意义。

制作方法

1 将洗净的茄子去皮，切成片；洗好的青椒去籽，切成小块。

2 开水锅中加入油，将茄子、青椒煮至断生后捞出，备用。

3 用油起锅，放入姜、蒜、葱，倒入青椒、茄子、鸡粉、盐、生抽，炒匀。

4 倒入水淀粉，炒匀；把炒好的食材盛出，装入盘中即成。

西芹炒南瓜

制作时间 5分钟

🧂 口味：清淡　🍳 烹饪方法：炒

／材料／

南瓜200克，西芹60克，蒜末、姜丝、葱末各少许

／调料／

盐2克，鸡粉3克，水淀粉、食用油各适量

／制作方法／

❶ 将洗好的西芹去皮，对半切开，改切成小块。

❷ 洗净去皮的南瓜对半切开，改切成片。

❸ 开水锅中加入盐、鸡粉、食用油，倒入南瓜，略煮片刻。

❹ 将西芹放入锅中，煮至其断生，捞出，沥干水分，待用。

❺ 用油起锅，倒入蒜、姜、葱、南瓜、西芹、盐、鸡粉，炒匀。

❻ 倒入水淀粉，拌炒至全部食材入味，将食材盛入碗中即可。

杏鲍菇扣西蓝花

制作时间 4分钟

🥄 口味：清淡　🍳 烹饪方法：炒

/材料/

杏鲍菇120克，西蓝花300克，白芝麻、姜片、葱段各少许

/调料/

盐5克，鸡粉2克，蚝油8克，陈醋6毫升，生抽、水淀粉各5毫升，料酒10毫升，食用油适量

/制作方法/

1 将洗净的杏鲍菇切成片，备用。

2 洗好的西蓝花切成小块，待用。

3 开水锅中加食用油、盐，倒入西蓝花，煮片刻，捞出。

4 杏鲍菇倒入锅中，煮至沸，加入料酒，捞出，沥干水分。

5 用油起锅，放入姜、葱、杏鲍菇、料酒、生抽、蚝油、清水，炒匀。

6 加入盐、鸡粉、陈醋、水淀粉，炒匀；盛出，撒上白芝麻即可。

清蒸冬瓜生鱼片

制作时间
15 分钟

🧂 口味：鲜　　🍲 烹饪方法：蒸

／制作方法／

1️⃣ 冬瓜切片；生鱼肉切片，用盐、鸡粉、姜片、胡椒粉、生粉、芝麻油腌渍片刻。

2️⃣ 把腌渍好的鱼片摆入碗底，放上切好的冬瓜片，再放上姜片。

3️⃣ 将装有鱼片、冬瓜的碗放入蒸锅中，蒸至食材熟透，取出食材。

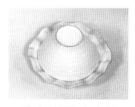

4️⃣ 将食材倒扣入盘里，揭开碗，撒上葱花，浇上蒸鱼豉油即成。

／材料／

冬瓜400克，生鱼300克，姜片、葱花各少许

／调料／

盐、鸡粉各2克，胡椒粉少许，生粉10克，芝麻油2毫升，蒸鱼豉油适量

☆温馨提示☆

生鱼搭配冬瓜同食，脂肪含量低、热量小，能帮助产妇迅速恢复体形。

口蘑蒸牛肉

制作时间
31 分钟

🏷 口味：鲜　　🔥 烹饪方法：煮

/ 材料 /
卤牛肉125克，口蘑55克，苹果40克，胡萝卜30克，西红柿25克，洋葱15克

/ 调料 /
番茄酱10克，食用油适量

/ 制作方法 /
1 口蘑、卤牛肉切丁；西红柿切成粒状；胡萝卜切成丁；洋葱切成碎丁；苹果切小块。
2 煎锅注入油烧热，倒入洋葱、西红柿、胡萝卜、苹果，放入番茄酱，注入清水，煮沸，制成酱料，关火后盛出，待用。
3 用蒸锅将口蘑、牛肉蒸熟，浇上酱料即可。

酿冬瓜

制作时间
5 分钟

🏷 口味：鲜　　🔥 烹饪方法：煮

/ 材料 /
冬瓜350克，肉末100克，枸杞少许

/ 调料 /
盐、鸡粉、水淀粉、食用油各适量

/ 制作方法 /
1 将冬瓜切片，压出花型，中间挖空，塞入肉末，再放上枸杞。
2 把冬瓜片放入蒸锅中，蒸至熟，取出。
3 用油起锅，倒入清水，放入盐、鸡粉，拌匀煮沸。
4 倒入水淀粉，调成稠汁，浇在蒸好的冬瓜片上即可。

胡萝卜西红柿汤

制作时间
5分钟

🖊 口味：鲜　　🍲 烹饪方法：煮

/ 材料 /

胡萝卜30克，西红柿120克，鸡蛋1个，姜丝、葱花各少许

/ 调料 /

盐少许，鸡粉2克，食用油适量

☆温馨提示☆

胡萝卜具有益肝明目、增强免疫力、健脾消食等功效，适合女性产后常食。

/ 制作方法 /

1 洗净去皮的胡萝卜用斜刀切段，再切成薄片。

2 洗好的西红柿切开，再切成片。

3 鸡蛋打入碗中，搅拌均匀，待用。

4 锅中注油烧热，放入姜丝，倒入胡萝卜、西红柿，炒匀。

5 注入水，加盖，煮3分钟，加盐、鸡粉，拌至食材入味。

6 揭盖，倒入蛋液，略煮，盛出装碗，撒上葱花即可。

双菇玉米菠菜汤

制作时间
18分钟

口味：鲜　　烹饪方法：煮

/ 材料 /

香菇80克，金针菇80克，菠菜50克，玉米段60克，姜片少许

/ 调料 /

盐2克，鸡粉3克

/ 制作方法 /

1 锅中注水烧开，放入洗净切块的香菇、玉米段和姜片。

2 煮约15分钟至食材断生，倒入洗净的菠菜和金针菇，拌匀。

3 加少许盐、鸡粉，拌匀调味。

4 用中火煮约2分钟，至食材熟透；关火后盛出煮好的汤料，装入碗中即可。

紫菜鸡蛋葱花汤

制作时间
4分钟

🧂 口味：鲜　　🍳 烹饪方法：煮

/ 材料 /
水发紫菜100克，蛋液60克，葱花少许

/ 调料 /
盐、鸡粉各2克，胡椒粉3克

/ 制作方法 /

1 锅中注水烧开，放入洗净的紫菜，拌匀，用大火煮约2分钟至食材熟透。

2 加少许盐、鸡粉、胡椒粉，拌匀调味。

3 倒入蛋液，边倒边搅拌，稍煮片刻，至蛋花成形。

4 关火后盛出煮好的汤料，装入碗中，撒上葱花即可。

海藻鲜虾蛋汤

制作时间
12分钟

🧂 口味：鲜　　🍳 烹饪方法：煮

/ 材料 /
虾仁90克，海藻80克，鲜香菇70克，鸡蛋1个，姜片、葱花各少许

/ 调料 /
水淀粉、盐、鸡粉、胡椒粉、食用油各适量

/ 制作方法 /
1 虾仁除虾线；香菇切片；鸡蛋打散调匀。
2 虾仁装碗，用盐、鸡粉、水淀粉腌渍片刻。
3 开水锅中加入盐、鸡粉、食用油，倒入姜片、香菇、虾仁，煮至沸，撒入胡椒粉。
4 倒入海藻，煮1分钟，撇去浮沫；倒入鸡蛋液，搅匀；盛出装碗，撒上葱花即可。

鸡蛋苋菜汤

制作时间
2分钟

🧂 口味：鲜　　🍳 烹饪方法：煮

/ 材料 /
鸡蛋2个，苋菜120克

/ 调料 /
盐、鸡粉各2克，食用油适量

/ 制作方法 /
1 将洗好的苋菜切段，装入盘中待用；鸡蛋打入碗中，用筷子打散调匀。
2 用油起锅，倒入切好的苋菜，翻炒一会儿，往锅中注入适量清水，用大火煮沸。
3 放入鸡粉、盐，拌匀调味，倒入备好的蛋液，迅速搅拌匀，煮至沸。
4 将锅中煮好的汤料盛出，装入碗中即可。

鲫鱼苦瓜汤

制作时间

7分钟

🥄 口味：鲜　　🍳 烹饪方法：煮

/ 材料 /
净鲫鱼400克，苦瓜150克，姜片少许

/ 调料 /
盐2克，鸡粉少许，料酒3毫升，食用油适量

☆温馨提示☆

鲫鱼有和中开胃、活血通络、温中下气之功效，产后常食，可补虚通乳。

/ 制作方法 /

1 将洗净的苦瓜对半切开，去瓤，再切成片，待用。

2 用油起锅，放入姜片，下入鲫鱼，煎出焦香味。

3 翻转鱼身，用小火再煎至两面断生，淋上少许料酒。

4 再注入适量清水，加入鸡粉、盐，放入苦瓜片。

5 盖上锅盖，用大火煮约4分钟，至食材熟透。

6 取下锅盖，搅动几下；盛出煮好的苦瓜汤，放在碗中即可。

金针菇冬瓜汤

制作时间
10 分钟

🧂 口味：鲜　🔥 烹饪方法：煮

/ 材料 /

金针菇80克，冬瓜块100克，姜片、葱花各少许

/ 调料 /

盐、鸡粉各3克，胡椒粉2克，食用油适量

/ 制作方法 /

1 开水锅中淋入食用油，加盐、鸡粉，拌匀调味。

2 放入洗净的冬瓜块、姜片，搅匀，煮约2分钟至七成熟。

3 放入洗净的金针菇，拌匀，盖上盖，煮约7分钟至熟。

4 揭盖，加胡椒粉，拌煮片刻至食材入味；盛出煮好的汤料，撒上葱花即可。

蛤蜊鲫鱼汤

制作时间
6分钟

🖊 口味：鲜　　🍲 烹饪方法：煮

/ 材料 /

蛤蜊130克，鲫鱼400克，枸杞、姜片、葱花各少许

/ 调料 /

盐、鸡粉、料酒、胡椒粉、食用油各适量

/ 制作方法 /

1 鲫鱼切上一字花刀，用刀将蛤蜊打开。

2 用油起锅，放入鲫鱼，煎至焦黄色，淋入料酒，加入开水，放入姜片，煮沸后撇去浮沫。

3 倒入蛤蜊，用小火煮至食材熟透，加入盐、鸡粉、胡椒粉，放入枸杞，略煮。

4 将汤料盛出，装入碗中，撒上葱花即可。

雪菜末豆腐汤

制作时间
7分钟

🖊 口味：清淡　🍲 烹饪方法：煮

/ 材料 /

豆腐块300克，雪菜末250克，姜片、葱花各少许

/ 调料 /

鸡粉2克，食用油适量

/ 制作方法 /

1 锅中注入食用油，放入姜片，倒入切好的雪菜末，翻炒均匀。

2 注入适量水，搅拌匀，煮约2分钟至沸，倒入切好的豆腐，加入鸡粉，搅拌均匀。

3 续煮约3分钟至食材熟透，搅拌均匀，盛出煮好的汤料，装入碗中，撒上葱花即可。

三文鱼豆腐汤

 制作时间 **10** 分钟

🖊 口味：鲜　　🍲 烹饪方法：煮

／材料／

三文鱼100克，豆腐240克，莴笋叶100克，姜片、葱花各少许

／调料／

盐、鸡粉各3克，水淀粉3毫升，胡椒粉、食用油各适量

☆温馨提示☆

本品有助于降低人体血液胆固醇含量，新妈妈食用还能清洁肠胃，预防产后骨质疏松。

／制作方法／

1 将洗净的莴笋叶切段，备用。

2 洗好的豆腐切成条，再切成小方块。

3 三文鱼切成片，装碗，加入盐、鸡粉、水淀粉、油，腌渍。

4 开水锅中加入食用油、盐、鸡粉，倒入豆腐，煮至沸。

5 放入胡椒粉、姜片、莴笋叶、三文鱼，搅匀，煮至熟。

6 继续搅拌，使食材入味；关火后盛入碗中，撒上葱花即可。

红豆薏米美肌汤

🖊 口味：甜　　☕ 烹饪方法：煮

/ 材料 /
水发红豆100克，水发薏米80克，牛奶100毫升

/ 调料 /
冰糖30克

/ 制作方法 /

1 砂锅中注入清水，用大火烧开，倒入泡好的红豆，放入泡好的薏米，搅拌均匀。

2 加盖，用大火煮开后转小火续煮40分钟至食材熟软。

3 揭盖，倒入冰糖，搅拌至溶化。

4 缓缓加入牛奶，用中火搅拌均匀；关火后盛出，装碗即可。

冬瓜皮瘦肉汤

制作时间
42 分钟

🏷 口味：鲜　🕯 烹饪方法：煮

/ 材料 /
瘦肉200克，冬瓜皮30克，枸杞8克，葱花少许

/ 调料 /
盐、鸡粉各少许

/ 制作方法 /
1️⃣ 将洗净的猪瘦肉切块，再切成丁。
2️⃣ 把瘦肉倒入开水锅中，汆去血渍，捞出。
3️⃣ 砂锅中注水烧开，放入冬瓜皮、枸杞、瘦肉丁，煲煮至食材熟透。
4️⃣ 加入盐、鸡粉调味，略煮一会儿，至汤汁入味；盛出，装入碗中，撒上葱花即成。

香蕉瓜子奶

制作时间
5 分钟

🏷 口味：甜　🕯 烹饪方法：煮

/ 材料 /
香蕉1根，葵花子仁15克，牛奶150毫升

/ 调料 /
白糖15克

/ 制作方法 /
1️⃣ 香蕉去皮，切片，装盘待用。
2️⃣ 砂锅中注水烧开，放入白糖，搅拌至溶化，倒入牛奶，拌匀，用大火煮开。
3️⃣ 放入香蕉、葵花子仁，拌匀，用小火稍煮2分钟至食材入味。
4️⃣ 关火后盛出煮好的甜汤，装碗即可。

香蕉豆浆

制作时间
15 分钟

🥢 口味：清淡　　🍲 烹饪方法：煮

/ 制作方法 /

1 香蕉切成块；将黄豆用水搓洗干净，倒入滤网中，沥干。

2 将香蕉、黄豆倒入豆浆机中，注入适量清水，至水位线即可。

3 盖上豆浆机机头，开始打浆，待豆浆机运转约15分钟，即成豆浆。

4 滤取豆浆，将滤好的豆浆倒入碗中，加入白糖即可。

/ 材料 /

香蕉30克，水发黄豆40克

/ 调料 /

白糖适量

☆温馨提示☆

香蕉具有润肠通便的功效，它还能缓和紧张的情绪，是女性产后美肤塑身的首选。

绿豆芹菜豆浆

制作时间 **15** 分钟

🍴 口味：清淡　　🍲 烹饪方法：煮

/ 材料 /
芹菜30克，绿豆50克

/ 调料 /
冰糖适量

/ 制作方法 /

1 洗净的芹菜切碎，待用。

2 将绿豆装碗，注入清水，搓洗干净，再倒入滤网中，沥干。

3 取豆浆机，倒入芹菜、绿豆，注入清水，至水位线即可。

4 盖上豆浆机机头，选择"五谷"程序，开始打浆。

5 待豆浆机运转约15分钟，即成豆浆。

6 取下豆浆机机头，把豆浆倒入碗中，用汤匙撇去浮沫即可。

燕麦糙米豆浆

制作时间 21分钟

🖊 口味：清淡　　🍲 烹饪方法：煮

/ 材料 /

水发黄豆40克，燕麦10克，糙米5克

/ 制作方法 /

1 将黄豆倒入碗中，加入糙米，注入清水，用手搓洗干净。

2 将洗好的食材倒入滤网中，沥干水分。

3 取豆浆机，倒入沥干水分的黄豆、糙米和备好的燕麦。

4 注入清水，至水位线即可。

5 盖上豆浆机机头，待豆浆机运转约20分钟，即成豆浆。

6 断电后取下豆浆机机头，把豆浆倒入滤网，滤入杯中即可。

玉米红豆豆浆

制作时间
21分钟

🥄口味：清淡　🍳烹饪方法：煮

/材料/

玉米粒30克，水发黄豆50克，水发红豆40克

☆温馨提示☆

玉米能加速人体新陈代谢，女性产后常食，起到抑制、延缓皱纹产生的作用。

/制作方法/

❶ 将黄豆、红豆倒入碗中，加入清水，搓洗干净，倒入滤网中，沥干。

❷ 把洗好的材料倒入豆浆机中，放入备好的玉米粒，注水至水位线即可。

❸ 盖上豆浆机机头，待豆浆机运转约20分钟，即成豆浆。

❹ 把煮好的豆浆倒入滤网中，再倒入杯中，用汤匙撇去浮沫即可。

黑米小米豆浆

制作时间
18 分钟

🖊 口味：清淡　　🍵 烹饪方法：煮

/ 制作方法 /

1 将黄豆装碗，放入小米、黑米，加入清水洗净，倒入滤网中，沥干。

2 把黄豆、黑米、小米倒入豆浆机中，注入清水，至水位线即可。

3 盖上豆浆机机头，待豆浆机运转约15分钟，即成豆浆。

4 把煮好的豆浆倒入滤网中，再倒入碗中，用汤匙捞去浮沫即成。

/ 材料 /

水发黑米、水发小米各20克，水发黄豆45克

☆温馨提示☆

黑米具有滋阴补肾、健脾暖肝、益气活血等功效，产后女性食用可补虚健体。